全国高等院校规划教材

建筑施工技术

张葆妍　陆元鹏

杨昕红　王丹菲　编著

U0304512

电子工业出版社

Publishing House of Electronics Industry

北京·BEIJING

内 容 简 介

本教材以一个完整的实际建设项目为基础，按照施工顺序对教学内容进行编排，施工流程清晰明了。主要包括土方工程、基础工程、模板工程、钢筋工程、混凝土工程、砌体工程等，每章中设置了分项介绍、目标要求、知识讲解、知识延伸、分项训练等模块。知识讲解中的知识点提炼自工程实际，实践性强；特别设置知识延伸帮助学生建立知识体系。全书图文并茂、形象生动，有助于学生掌握和领悟理论知识，提高实践能力。

本书可作为高等、高职院校的教学用书、建筑职业资格认证的参考资料，以及工程技术人员的自学参考书等。本书配有教学课件及重要知识点二维码，供读者参考。

图书在版编目（CIP）数据

建筑施工技术/张葆妍等编著. —北京：电子工业出版社，2017.8
ISBN 978-7-121-31912-9

Ⅰ. ①建… Ⅱ. ①张… Ⅲ. ①建筑施工－技术－高等学校－教材 Ⅳ. ①TU74

中国版本图书馆 CIP 数据核字（2017）第 137089 号

策划编辑：郭乃明
责任编辑：裴　杰
印　　刷：北京季蜂印刷有限公司
装　　订：北京季蜂印刷有限公司
出版发行：电子工业出版社
　　　　　北京市海淀区万寿路 173 信箱　邮编 100036
开　　本：787×1 092　1/16　印张：12.25　字数：313.6 千字
版　　次：2017 年 8 月第 1 版
印　　次：2017 年 8 月第 1 次印刷
定　　价：30.00 元

前　　言

建筑施工技术是建筑类专业的一门专业核心课程，对于培养高职高专学生独立分析、解决建筑工程施工中有关施工技术问题和监督管理工作的职业能力起着至关重要的作用。本书以真实项目为基础，主要介绍建筑工程分项工程的施工工艺、施工方法、技术措施、规范要求以及其质量验收标准、方法等。

随着高等职业教育改革的深入，高职院校更注重培养适应岗位需求、具备良好工程素质和岗位技能的高素质技术技能型应用人才。本书顺应高职教育的发展，符合行业需求，结合沈阳职业技术学院新建餐饮实训中心的真实建筑样板，以新颁布的国家施工质量验收规范为标准，查阅相关的法规规范、专业文献，收集大量宝贵的施工现场资料，知识体系完整。知识导入从实际出发，通过对问题的分析，导出必要的概念和方法，直观性强，易于掌握。本书也是省教育科学"十二五"规划重点课题研究的重要成果之一。

本书由张葆妍、陆元鹏、杨昕红、王丹菲共同编著完成。编写工作得到了沈阳职业技术学院相关领导和部门的全力配合，特别感谢沈阳职业技术学院张黎明教授在编写过程中给予的大力支持和指导。在此，谨向所有对本书编写过程中给予帮助的人员表示衷心的感谢！

本书可作为高等、高职院校的教学用书，建筑职业资格认证的参考资料，以及工程技术人员的自学参考书等。本书配有教学课件及重要知识点二维码，供读者参考。

限于编者水平有限，疏漏之处在所难免，恳请广大读者批评指正。

编著者

目　录

项目1 土方工程

📑 项目分项介绍

某院校新建餐饮服务实训中心项目工程，占地 2465m²。房屋施工全过程当中首当其冲的就是土方工程的施工。通过场地平整将校园原有的天然地面改造成符合施工要求的设计平面。然后计算挖填土方量，编制可行性施工方案，进行合理的土方平衡调配，完成土方工程施工。

💻 目标要求

1. 了解土方工程中常见的支护和降水措施。
2. 熟悉土的工程性质和分类原则。
3. 掌握土方工程填挖方量的计算方法和原则。

1.1 土方工程概述

土方工程的施工包括挖掘、支护、填筑、地下水控制四大方面内容。首先是土方开挖，为了避免塌方要进行建筑工程的支护，在建筑基坑支护的保护下进行基础工程的施工，基础施工结束后进行土方回填、平整场地。由于场地施工条件的多样性，在进行土方工程施工中往往会伴随对地下水的控制来保证工程施工的进行和质量。

1.1.1 土方工程施工特点

土方工程的工程量比较大，施工条件比较复杂。因此在施工前要编制合理的施工方案，处理好工作环境、自然环境所造成的施工困难，如图 1.1 和图 1.2 所示，其中包括北方地区的冬季施工方案、地面下的构筑物处理方案、有地下水影响的施工方案等，之后才能采用机械化施工手段，进行土方工程的施工。

图 1.1 土方开挖

图 1.2 土方整理

1.1.2 土的工程分类

根据土方开挖的难易程度,将土体分为松软土、普通土、坚土、砂砾坚土、软石、次坚石、坚石、特坚石等八类。一到四类为土;五到八类为石。见表 1.1。

表 1.1 土的工程分类

土的分类	土的级别	土的名称	开挖方法及工具
一类土 (松软土)	I	砂;粉土;冲积砂土层;泥炭(淤泥)	用锹、锄头挖掘
二类土 (普通土)	II	粉质黏土;潮湿的黄土;夹有碎石、卵石的砂;粉土混卵(碎)石;种植土及填土	用锹、条锄挖掘
三类土 (坚土)	III	软及中等密实黏土;重粉质黏土;砾石土;干黄土及含碎石、卵石的黄土、粉质黏土;压实的填土	主要用镐和锹、条锄挖掘,也可用撬棍

续表

土的分类	土的级别	土的名称	开挖方法及工具
四类土 （砂砾坚土）	IV	坚硬密实的黏土或黄土；含碎石、卵石的中等密实的黏土或黄土；粗卵石；天然级配砂石；软泥灰岩	先用镐、撬棍，后用锹挖掘，也可用楔子及大锤
五类土 （软石）	V～VI	硬质黏土；中等密实的页岩、泥灰岩；胶结不紧的砾岩；软石灰及贝壳石灰石	用镐或撬棍、大锤挖掘，部分用爆破方法
六类土 （次坚石）	VII～IX	泥岩、砂岩、砾岩；坚实的页岩、泥灰岩；密实的石灰岩；风化花岗岩、片麻岩及正长岩	用爆破方法开挖，部分用风镐
七类土 （坚石）	X～XIII	大理石；辉绿岩；玢岩；粗、中粒花岗岩；坚实的白云岩、砂岩、砾岩、片麻岩、石灰岩；微风化的安山岩、玄武岩	用爆破方法开挖
八类土 （特坚石）	XIV～XVI	安山岩、玄武岩；花岗片麻岩；坚实的细粒花岗岩、闪长岩、石英岩、辉长岩、辉绿岩、玢岩、角闪岩	用爆破方法开挖

1.1.3　土的工程性质

1. 土的密度

（1）天然密度：土在天然状态下单位体积的质量，称为土的天然密度（简称密度）。一般黏土的密度为 $1800\sim2000\mathrm{kg/m^3}$，砂土的密度为 $1600\sim2000\mathrm{kg/m^3}$。土的密度按下式计算

$$\rho = m/V$$

（2）干密度：干密度是土的固体颗粒质量与总体积的比值，用下式表示

$$\rho_\mathrm{d} = m_\mathrm{s}/V$$

式中　　ρ——土的天然密度（$\mathrm{kg/m^3}$）；

ρ_d——土的干密度（$\mathrm{kg/m^3}$）；

m——土的总质量（kg）；

m_s——土中固体颗粒的质量（kg）；

V——土的体积（$\mathrm{m^3}$）。

2. 土的含水量

土的含水量是指土中水的质量与固体颗粒质量之比，以百分数表示，即

$$\omega = m_\mathrm{w}/m_\mathrm{s}\times100\%$$

式中　　ω——土的含水量；

m_w——土中水的质量（kg）；

m_s——土中固体颗粒的质量（kg）。

工程实践中通常将土的干湿程度用含水量表示。根据土的含水量大小，将土分为含

水量在 5%以下的干土、在 5%～30%之间的潮湿土和在 30%以上的湿土。

3. 土的可松性

自然状态下的土，经开挖后，其体积因松散而增加，以后虽经回填压实，仍不能回复成原来的体积，土的这种性质称为土的可松性。土的可松性程度一般用可松性系数表示。

最初可松性系数为

$$K_s = V_2/V_1$$

最终可松性系数为

$$K_s' = V_3/V_1$$

式中　K_s——土的最初可松性系数；

　　　K_s'——土的最终可松性系数；

　　　V_1——土在自然状态下的体积（m^3）；

　　　V_2——土经开挖后松散状态下的体积（m^3）；

　　　V_3——土经压（夯）实后的体积（m^3）。

各类土的可松性系数见表 1.2。

表 1.2　土的可松性系数

土的类别	体积增加百分比/%		可松性系数	
	最初	最终	K_s	K_s'
一类土（种植土除外）	8～17	1～1.25	1.08～1.17	1.01～1.03
一类土（植物性土、泥炭）	20～30	3～4	1.20～1.30	1.03～1.04
二类土	14～28	1.5～5	1.14～1.28	1.02～1.05
三类土	24～30	4～7	1.24～1.30	1.04～1.07
四类土（泥灰岩、蛋白石除外）	26～32	6～9	1.26～1.32	1.06～1.09
四类土（泥灰岩、蛋白石）	33～37	11～15	1.33～1.37	1.11～1.15
五～七类土	30～45	10～20	1.30～1.45	1.10～1.20
八类土	45～50	20～30	1.45～1.50	1.20～1.30

4. 土的渗透性

土的渗透性是指水流通过土中孔隙的难易程度。土的渗透性用渗透系数 K 表示。地下水的流动以及在土中的渗透速度都与土的渗透性有关。地下水在土中渗流速度一般可按达西定律计算确定，其公式如下

$$v = iK$$

式中　v——水在土中的渗流速度（m/d，即米每天）；

i——水力坡度，$i=hL$；

K——土的渗透系数（m/d）。

K 值的大小反映土渗透性的强弱。土的渗透系数可以通过室内渗透试验或现场抽水试验测定，一般土的渗透系数见表 1.3。

表 1.3　土的渗透系数

土的名称	渗透系数	土的名称	渗透系数
黏土	<0.005	中砂	5～20
粉质黏土	0.005～0.1	均质中砂	35～50
粉土	0.1～0.5	粗砂	20～50
黄土	0.25～0.5	圆砾石	50～100

1.2　土方边坡与支护

1.2.1　土方边坡

土方边坡，如图 1.3 所示，坡度以其挖方深度（或填方高度）H 与其边坡底宽 B 之比来表示。边坡可以做成直线形边坡、折线形边坡及阶梯形边坡。土方边坡坡度：

$$\frac{H}{B}=\frac{1}{\dfrac{B}{H}}=1:m$$

式中　m——边坡系数，$m=\dfrac{B}{H}$。

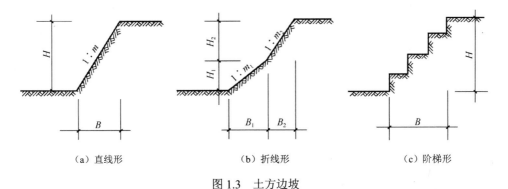

（a）直线形　　　　　　（b）折线形　　　　　　（c）阶梯形

图 1.3　土方边坡

施工中，土方边坡坡度的留设应考虑土质、开挖深度、开挖方法、施工工期、地下水位、坡顶荷载和气候条件等因素综合制定方案。边坡形式包括直线形、折线形、阶梯形三种形式。针对这三种边坡形式，允许荷载与边坡的关系如下。

1.2.2 基坑支护

开挖基坑（槽）时，如地质条件及周围环境许可，采用放坡开挖是较为经济的开挖方式。但在建筑稠密地区施工，或有地下水渗入基坑（槽）时，通常不可能按要求的坡度放坡开挖，这就需要进行基坑（槽）支护，以保证施工的顺利和安全，并减少对相邻建筑、管线等的不利影响。

基坑（槽）支护结构的主要作用是支撑土壁，此外，钢板桩、混凝土板桩及水泥土搅拌桩等围护结构还兼有不同程度的隔水作用。

基坑（槽）支护结构的形式有多种，根据受力状态可分为横撑式支撑、板桩式支护结构、重力式支护结构，其中，板桩式支护结构又分有悬臂式和支撑式。如图 1.4 所示为横撑式支撑。

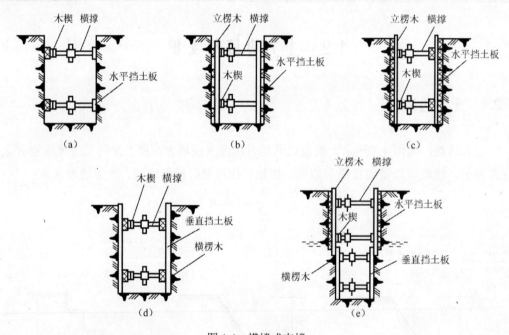

图 1.4 横撑式支撑

1.2.3 基坑（槽）施工

1. 施工准备工作

基坑（槽）施工前，应做好各项施工准备工作，以保证土方工程顺利进行。施工准备工作主要包括：学习和审查图纸；查勘施工现场；编制施工方案；平整施工场地；清除现场障碍物；做好排/降水工作；设置测量控制网；修建临时设施及道路；准备施工机具、物资及人员等。

基坑（槽）施工一般包括测量放线、分层开挖、排/降水、修坡、整平、预留土层等施工过程。

2．基槽施工

（1）基槽放线

根据房屋主轴线控制点，首先将外墙轴线的交点用木桩定位在地面上，并在桩顶钉上铁钉作为标志。房屋外墙轴线测定以后，再根据建筑物平面图，将内部开间所有轴线都一一测出。最后根据基槽上口的开挖宽度在中心轴线两侧用石灰在地面上撒出基槽开挖边线。同时在房屋四周设置龙门板，以便于基础施工时复核轴线位置。

（2）柱基放线

在基坑开挖前，从设计图上核对基础的纵横轴线编号和基础施工详图，根据柱子的纵横轴线，用经纬仪在矩形控制网上测定基础中心线的端点，同时在每个柱基中心线上，测定基础定位桩，每个基础的中心线上设置四个定位木桩，其桩位离基坑开挖线的距离为 0.5～1.0m。若基础之间的距离不大，可每隔几个基坑打一个定位桩，但两个定位桩的间距以不超过20m为宜，以便拉线恢复中间柱基的中线。桩顶上钉一个钉子，标明中心线的位置。然后按施工图上柱基的尺寸和边坡系数确定的挖土边线的尺寸，放出基坑上口挖土灰线，标出挖土范围。

（3）基坑（槽）开挖

土方开挖应遵循"开槽支撑，先撑后挖，分层开挖，严禁超挖"的原则。

3．基坑（槽）检验

（1）表面检查验槽法

① 根据槽壁土层分布情况及走向，初步判明全部基底是否已挖至设计所要求的土层。

② 检查槽底是否已挖至原（老）土，是否应继续下挖或进行处理。

③ 检查整个槽底的土的颜色是否均匀一致，土的坚硬程度是否一样，是否有局部过松软或过坚硬的部位；是否有局部含水量异常现象，走上去有没有颤动的感觉等。如有异常部位，要会同设计等有关单位进行处理。

（2）钎探检查验槽法

基坑（槽）挖好后，用铁锤把钢钎打入坑底的基土中，根据每打入一定深度的锤击次数，来判断地基土的情况。钢钎一般用直径 22～25mm 的钢筋制成，钎尖呈 60°尖锥状，长度 1.8～2.0m。铁锤重 3.6～4.5kg。一般均应按照设计要求进行钎探，设计无要求时可按下列规则布置。

① 槽宽小于 800mm 时，在槽中心布置探点一排，间距一般为 1～1.5m，应视地层复杂情况而定。

② 槽宽 800～2000mm 时，在距基槽两边 200～500mm 处，各布置探点一排，间距

一般为 1～1.5m，应视地层复杂情况而定。

③ 槽宽 2000mm 以上者，应在槽中心及两槽边 200～500mm 处，各布置探点一排，每排探点间距一般为 1～1.5m，应视地层复杂情况而定。

④ 矩形基础：按梅花形布置，纵向和横向探点间距均为 1～2m，一般为 1.5m，较小基础至少应在四角及中心各布置一个探点。

⑤ 基槽转角处应再补加一个点。

钎探应绘图编号，并按编号顺序进行击打，应固定打钎人员，锤击高度离钎顶 500～700mm 为宜，用力均匀，垂直打入土中，记录每贯入 300mm 钎段的锤击次数，钎探完成后应对记录进行分析比较，锤击数过多、过少的探点应标明与检查，发现地质条件不符合设计要求时应会同设计、勘察人员确定处理方案。

（3）洛阳铲探验槽法

在黄土地区基坑挖好后或大面积基坑挖土前，根据建筑物所在地区的具体情况或设计要求，对基坑底以下的土质、古墓和洞穴用专用洛阳铲进行钎探检查。

4. 地基的局部处理

（1）松土坑的处理

① 松土坑在基槽范围内，坑的范围很小，可将坑中松软虚土挖除，使坑底及四周均见天然土，然后采用与坑边天然土压缩性相近的材料回填。当天然土为砂土时，用砂或级配砂石回填；天然土为较密实的黏性土，用 3∶7 灰土分层夯实回填；天然土为中密可塑的黏性土或新近沉积黏性土，可用 1∶9 或 2∶8 灰土分层回填夯实，每层厚度不超过 200mm。

② 松土坑范围大，超过 5m²，如坑底土质与一般槽底土质相同，可将该部分基础落深，做 1∶2 踏步与两端相接，踏步多少按坑深而定，但每步不高于 500mm，长度不小于 1000mm，如深度较大，用灰土分层回填夯实至坑底。

③ 松土坑在基槽中范围较大，且超过基槽边沿。当坑的范围较大或存在因其他条件限制基槽不能开挖太宽，槽壁不能挖到天然土层时，则应将该范围内的基槽适当加宽，加宽的宽度应按下述条件确定：当用砂土或砂石回填时，基槽每边均应按 $l_1∶h_1=1∶1$ 坡度放宽；用 2∶8 或 1∶9 灰土回填时，基槽每边均应按 $l_1∶h_1=0.5∶1$ 坡度放宽；用 3∶7 灰土回填时，如坑的长度小于 2m，基槽可不放宽，但须将灰土与槽壁接触处紧密夯实。

④ 地下水位较高的松土坑。如遇到地下水位较高，坑内无法夯实时，可将坑（槽）中软虚土挖去，再用砂土、砂石或混凝土代替灰土回填；或地下水位以下用粗砂与碎石（比例为 1∶3）回填，地下水位以上用 3∶7 灰土回填夯实至要求高度。

⑤ 松土坑较深，且大于槽宽或超过 1.5m，按以上要求处理到老土，槽底处理完毕后，还应当考虑是否需要加强上部结构的强度，常用的加强方法是在灰土基础上 1～2

皮砖处(或混凝土基础内),防潮层下1~2皮砖处及首层顶板处各加配4根直径8~12mm的钢筋,跨过该松土坑两端各1m,以防产生过大的局部不均匀沉降。

寒冷地区冬季施工时,槽底换土不能用冻土,因冻土不易夯实,解冻后强度降低,体积收缩会造成较大的不均匀沉降。

（2）砖井及土井的处理

① 砖井、土井在室外,距基础边缘5m以内,先用素土分层夯实,回填到室外地坪以下1.5m处,将井壁四周砖拆除或松软部分挖去,然后用素土分层回填并夯实。

② 砖井、土井在室内基础附近,将水位降到最低可能的限度,用中、粗砂及块石、卵石或碎砖等回填到地下水位以上500mm。砖井应将四周砖圈拆至坑（槽）底以下1m或更深些,然后再用素土分层回填并夯实;如井已回填,但不密实或有软土,可用大块石将下面软土挤紧,再分层回填素土夯实。

③ 砖井、土井在基础下或条形基础3B或柱基2B（B为基础宽度）范围内,先用素土分层回填夯实,至基础底下2m处,将井壁四周松软部分挖去,有砖井圈时,将砖井圈拆至槽底以下1~1.5m。当井内有水时,应用中、粗砂及块石、卵石或碎砖回填至水位以上500mm,然后再按上述方法处理;当井内已填有土,但不密实,且挖除困难时,可在部分拆除后的砖石井圈上加钢筋混凝土盖封口,上面用素土或2∶8灰土回填,夯实至槽底。

④ 砖井、土井在房屋转角处,且基础部分或全部压在井上,除用以上办法回填处理外,还应对基础加固处理,当基础压在井上部分较少时,可采用从基础中挑钢筋混凝土梁的办法处理。当基础压在井上部分较多,用挑梁的方法较困难或不经济时,则可将基础沿墙长方向向外延长出去,使延长部分落在天然土上,落在天然土上基础总面积应等于或稍大于井圈范围内原有基础的面积,并在墙内配筋或用钢筋混凝土梁来加强。

⑤ 砖井、土井已淤填,但不密实,可用大块石将下面软土挤密,再用上述办法回填处理,如井内不能夯填密实,而上部荷载又较大,可在井内设灰土挤密桩或石灰桩处理,如土井在大体积混凝土基础下,可在井圈上加钢筋混凝土盖板封口,上部再用素土或2∶8灰土回填密实的办法处理,盖板到基底的高差$h \geqslant d$。

（3）局部范围内硬土的处理

基础下局部遇基岩、旧墙基、大孤石或老灰土等,应尽可能挖除,以防建筑物由于局部落于坚硬地基上,造成不均匀沉降而使建筑物开裂;或将坚硬地基部分凿去300~500mm深,再回填土、砂混合物或砂,起到调节变形作用,避免裂缝。如硬物挖除困难,可在其上设置钢筋混凝土过梁跨越,并与硬物间保留一定空隙或在硬物上部设置一层软性褥垫以调整沉降。

当基础一部分落于基岩或硬土层上,一部分落于软土层上时,可在软土层上通过现场钻孔,钻至基岩,或在软土部位设置混凝土或砌块石支撑墙至基岩,或将基础以下基岩凿去300~500mm深填以中粗砂或土砂混合物,调整地基的变形,避免应力集中出现裂缝；或采取加强基础和上部结构的刚度的方法，来克服软硬地基的不均匀变形。

（4）橡皮土的处理

当地基为黏性土，且含水量很大趋于饱和时，夯拍后会使地基土变成踩上去有一种颤动感的土，称为"橡皮土"。橡皮土不宜直接夯拍，因为夯拍将扰动原状土，土颗粒之间的毛细孔将被破坏，在夯拍面形成硬壳，水分不易渗透和散发，这时可采用翻土晾槽或掺石灰粉的办法降低土的含水量，然后再根据具体情况选择施工方法及基础类型。如果地基土已发生了颤动现象，可加铺一层碎石夯击，以将土挤密；如果基础荷载较大，可在橡皮土上打入大块毛石或红砖挤密土层，然后满铺 500mm 碎石后再夯实，亦可采用换土方法，将橡皮土挖除，填以砂土或级配碎石。

1.3　土方工程量计算

土方工程量是土方工程施工组织设计的重要依据，土方工程外形复杂多样，不规则，很难准确计算土方工程量。一般情况下，将其划分成一定的几何形状，采用具有一定精度又与实际情况近似的方法进行计算。

1.3.1　基坑与基槽的土方量计算

1. 基坑

基坑是指长宽比小于或等于 3 的矩形土体。由于有放坡的影响，基坑形状与棱台相似。因此基坑体积按棱台体积计算，即

$$V = (A_1 + 4A_0 + A_2) H/6$$

式中　H——基坑深度（m）；

　　　A_1，A_2——基坑上、下底的面积（m²）；

　　　A_0——基坑中截面的面积（m²）。

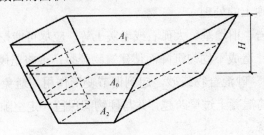

图 1.5　基坑土方量计算

亦可化为：

$$V = [(2a_1 + b) b_1 + (2a + a_1) b]H/6$$

式中　a、b——基坑底面长、宽（m）；

　　　a_1、b_1——基坑顶面长、宽（m）。

2. 基槽

基槽是指长宽比大于 3 的矩形土体。由于断面变化较大，长宽比较大，因此基槽体积按平均断面形式进行计算，即

$$V=（F_1+F_2）L/2$$

式中　L——基槽长度（m）；

　　　F_1，F_2——基槽前、后底面的面积（m^2）。

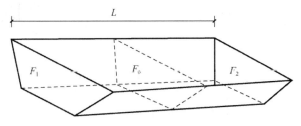

图 1.6　基槽土方量计算

1.3.2　场地平整的土方量计算

场地平整是指将天然地面改造成所需要的设计平面。它包括：确定场地设计标高、计算土方量、土方调配、选择土方施工机械、拟定施工方案。如图 1.7 所示。

图 1.7　场地平整

1. 初步确定场地设计标高

当场地设计标高无特定要求时，确定场地设计标高的原则为"场地内填挖平衡并尽

量减少土方工程量"。因此选用最常用的方格网法来进行计算。一般在图纸上,将建筑场地划分为若干个方格,方格边长主要取决于地形变化复杂程度,一般取 $a=10m$、$20m$、$30m$、$40m$ 等,通常采用 $20m$。方格划分越密集,计算精度越高;方格划分越稀疏,计算误差越大。如图 1.8 所示。

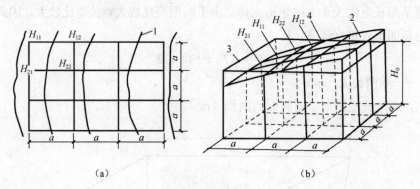

图 1.8 方格网划分

测定各角点的地面标高,计算设计标高 H_0。利用水准仪、标尺等直接测量或利用等高线计算得到各角点的地面原始标高,并绘制在图纸上。假设设计平面为水平面,根据填挖平衡原则,即

$$H_0 \times n \times a^2 = \sum a^2 \frac{H_{i1} + H_{i2} + H_{i3} + H_{i4}}{4}$$

式中 H_{i1}、H_{i2}、H_{i3}、H_{i4}——一个方格内的各个角点的地面标高。

化简上式可得

$$H_0 = \frac{1}{4n} \times \left(\sum H_1 + \sum H_2 + \sum H_3 + \sum H_4 \right)$$

式中 H_1——1 个方格仅有的角点标高;

$\quad\quad H_2$——2 个方格共有的角点标高;

$\quad\quad H_3$——3 个方格共有的角点标高;

$\quad\quad H_4$——4 个方格共有的角点标高。

2. 调整后的设计标高 H_0'

考虑到有泄水坡度的影响,调整后的设计标高为

$$H_0' = H_0 + \Delta h$$

规范中规定,泄水坡度 $i = \frac{h}{L} \geqslant 2\%$。

因此考虑双向泄水影响,调整后的设计标高为

$$H_0' = H_0 \pm i_x \cdot L_x \pm i_y \cdot L_y$$

3. 计算各角点施工高度 h_n 并确定零线（如图 1.9 所示）

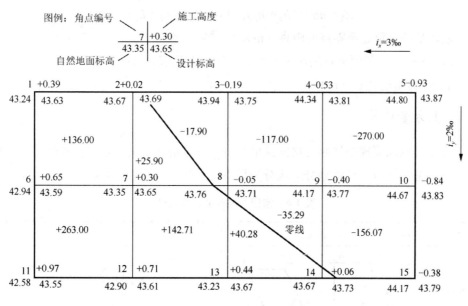

图 1.9 方格网法零线划分

各方格角点的施工高度为角点的设计地面标高与自然地面标高之差，是以角点设计标高为基准的挖方或填方的施工高度。各方格角点的施工高度按下式计算

$$h_n = H_n - H_n'$$

式中 h_n——角点的施工高度，即填方高度，以"＋"为填，"－"为挖（m）；

H_n——角点的设计标高（m）；

H_n'——角点的自然地面标高（m）；

n——方格的角点编号（自然数列 1，2，…，n）。

零线是指挖填方区的分界线。找到各方格的零点位置，方可绘制出零线。当同一方格 4 个角点的施工高度同号时，该方格内的土方则全部为挖方或填方，如果同一方格中一部分角点的施工高度为"＋"，而另一部分为"－"，则此方格中的土方一部分为填方，一部分为挖方，沿其边线必然有一不挖不填的点，即为"零点"。如图 1.10 所示。

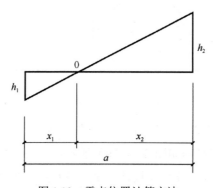

图 1.10 零点位置计算方法

零点位置按下式计算

$$X_1 = ah_1/(h_1+h_2);\quad X_2 = ah_2/(h_1+h_2)$$

式中　X_1，X_2——角点至零点的距离（m）；

　　　h_1，h_2——相邻两角点的施工高度，均用绝对值表示（m）；

　　　a——方格的边长（m）。

4. 土方量计算

土方量计算的原理是按照方格网法的划分，按方格逐一进行累加求和计算。根据零线与方格划分的区域，可将划分形状分为以下 4 种形式，见表 1.4。

表 1.4　常用方格网的计算方法

项目	图式	计算公式
一点填挖方（三角形）		$V = \dfrac{1}{2}bc\dfrac{\sum h}{3} = \dfrac{bch_3}{6}$ 当 $b=c=a$ 时，$V = \dfrac{a^2 h_3}{6}$
两点填挖方（梯形）		$V_+ = \dfrac{b+c}{2}a\dfrac{\sum h}{4} = \dfrac{a}{8}(b+c)(h_1+h_3)$ $V_- = \dfrac{d+e}{2}a\dfrac{\sum h}{4} = \dfrac{a}{8}(d+e)(h_2+h_4)$
三点填挖方（五角形）		$V = \left(a^2 - \dfrac{bc}{2}\right)\dfrac{\sum h}{5} = \left(a^2 - \dfrac{bc}{2}\right)\dfrac{h_1+h_2+h_4}{5}$
全填挖方（正方形）		$V = \dfrac{a^2}{4}\sum h = \dfrac{a^2}{4}(h_1+h_2+h_3+h_4)$

5. 填挖方量计算

计算得到的土方量结果以"＋"为填，"－"为挖。

【例题】某建筑场地方格网如图 1.11（a）所示，方格边长 20m，双向泄水 $i_x = i_y = 0.3\%$，试根据挖填平衡原理计算场地设计标高及各点施工高度，并计算总土方量。

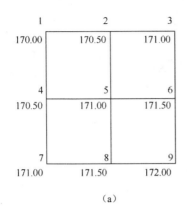

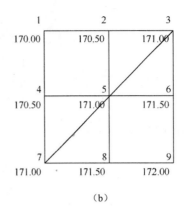

图 1.11 例题

解：

（1）计算设计标高 H_0

$$H_0 = \frac{1}{4n}\left(\sum H_1 + 2\sum H_2 + 3\sum H_3 + 4\sum H_4\right)$$

$$= \frac{1}{4 \times 4}(684 + 1368 + 0 + 684)$$

$$= 171(\text{m})$$

（2）计算各点设计标高

$$H_1 = H_0 + i_x \times L_x + i_y \times L_y$$

$$= 171 - 0.3\% \times 20 - 0.3\% \times 20$$

$$= 170.88(\text{m})$$

$$\cdots\cdots$$

（3）计算各角点的施工高度

$$h_1 = H_1 - H_1'$$

$$= 170.88 - 170$$

$$= 0.88(\text{m})$$

$$\cdots\cdots$$

（4）确定零线位置，见图 1.11（b）。

（5）土方量计算

$$V_{1-1} = \frac{a^2}{4}(h_1 + h_2 + h_3 + h_4)$$

$$= \frac{20^2}{4}(0.88 + 0.44 + 0 + 0.44)$$

$$= 176(\text{m})$$

$$V_{1-2} = \frac{1}{6}a^2 h_2$$
$$= \frac{1}{6} \times 20^2 \times 0.44$$
$$= 29.3(\text{m})$$

（6）计算总填挖方量

$$V_{填(挖)} = V_{1-1} + V_{1-2}$$
$$= 176 + 2 \times 29.3$$
$$= 234.6(\text{m})$$

1.4 土方工程机械化施工

土方工程工程量大，工期长。为节约劳动力，降低劳动强度，加快施工速度，对土方工程的开挖、运输、填筑、压实等施工过程应尽量采用机械化施工。

1.4.1 推土机施工

1. 组成与分类

推土机由拖拉机和推土铲刀组成，如图 1.12 所示。

图 1.12 推土机

按行走装置的类型可分为履带式和轮胎式两种。履带式推土机履带板着地面积大，现场条件差时也可以施工，还可以协助其他施工机械工作，所以应用比较广泛。

按推土铲刀的操作方式可分为液压式和索式两种。索式推土机的铲刀借助本身自重切入土中，在硬土中切入深度较小；液压式推土机的铲刀利用液压操纵，使铲刀强制切入土中，切土深度较大，且可以调升铲刀和调整铲刀的角度，具有较大的灵活性。

2. 工作特点

推土机可以独立进行挖土、运土、卸土的工作，适合于场地平整、场地清理、开挖深度不大的基坑和回填作业。为了提高工作效率，减小由于长距离运土所产生的缺陷，其经济运距为 40～60m，最大运距为 100m。通常采用下坡推土法、多铲集运法、并列推土法、槽形推土法等方式推土。

1.4.2 挖土机施工

1. 组成与分类

单斗挖土机是大型基坑开挖中最常用的一种土方作业机械。挖土机按行走方式可分为履带式和轮胎式两种；按传动方式可分为机械传动和液压传动两种；按工作装置不同可分为正铲、反铲、拉铲和抓铲四种。如图 1.13 所示。

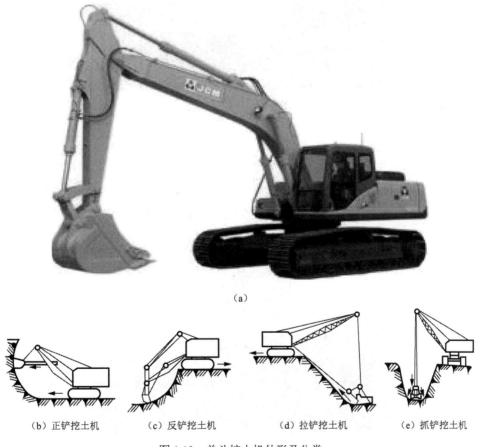

（a）

（b）正铲挖土机　　（c）反铲挖土机　　（d）拉铲挖土机　　（e）抓铲挖土机

图 1.13　单斗挖土机外形及分类

2．工作特点

（1）正铲挖土机

正铲挖土机的挖土特点是"前进向上，强制切土"。其挖掘力大，生产效率高，适用于开挖停机面以上的含水量不大于 27%的一至四类土。当地下水位较高时，应采取降低地下水位的措施，把基坑土疏干。开挖大型基坑时须设坡道，挖土机在坑底作业。

正铲挖土机的作业方式有正向挖土、侧向卸土和正向挖土、后方卸土两种。

（2）反铲挖土机

反铲挖土机的作业方式常采用沟端开挖和沟侧开挖两种，如图 1.14 所示。

图 1.14　反铲挖土机

（3）拉铲挖土机

拉铲挖土机的挖土特点是"后退向下，自重切土"，挖土时铲斗在自重作用下落到地面切入土中。其挖土半径和挖土深度较大，但不如反铲挖土机灵活，开挖精确性差。可开挖停机面以下的一至三类土，适用于开挖大型基坑或水下挖土，如图 1.15 所示。

图 1.15　拉铲挖土机

拉铲挖土机的开挖方式与反铲挖土机相似，也可分为沟端开挖和沟侧开挖。

（4）抓铲挖土机

抓铲挖土机的挖土特点是"直上直下，自重切土"，挖掘力较小，适用于开挖停机面以下的一、二类土，可用于开挖窄而深的基坑、疏通旧有渠道以及挖取水中淤泥等，或用于装卸碎石、矿渣等松散材料。在软土地基地区，常用于开挖基坑、沉井等，如图1.16所示。

图 1.16　抓铲挖土机

1.5　地下水控制施工

为保证支护结构的施工、基坑的挖土作业、地下室施工及基坑周边环境安全而采取的排水、降水、截水措施称为施工中的地下水控制。基坑开挖降低地下水位的方法有很多，一般常用的有直接排水和间接排水两类方法，前者是在基坑内挖明沟、集水井用水泵直接排水的方法，称为集水明排法；后者是沿基坑外围按适当的距离设置一定数量的各种井点进行间接排水的方法，称为井点降水法。

集水明排法是施工中应用最广、最为简单经济的方法。此法施工方便、设备简单、降水费用低、管理维护较容易，应用最为广泛，适用于土质情况较好、地下水位不是很高、一般基础及中等面积基础群和建筑物基坑（槽）的排水，如图1.17所示。

井点降水法可以改善施工条件，使所挖的土始终保持干燥状态，同时还使动水压力方向向下，从根本上防止流沙现象发生，同时增加土中的有效应力，提高土的强度和密实度，土方边坡也可适当放陡，从而减少挖土数量，并且可采用二级井点进一步降水来达到施工作业要求，如图1.18所示。

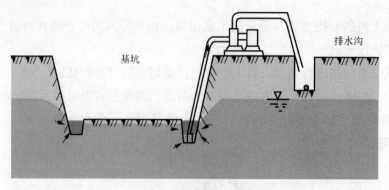

图 1.17　集水明排降水方式

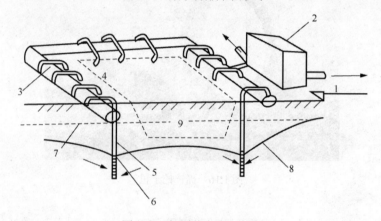

图 1.18　轻型井点降水方式

轻型井点布置应根据基坑大小与深度、土质、地下水位高低及流向和降水深度要求等确定。

1. 平面布置

当基坑或沟槽宽度小于 6m，且水位降低深度不超过 5m 时，可采用单排线状井点，布置在地下水流的上游一侧，其两端延伸长度一般以不小于基坑（槽）为宜。

2. 高程布置

在考虑到抽水设备的水头损失后，井点降水深度一般不超过 6m。

3. 轻型井点降水法的施工

轻型井点的安装是根据降水方案，先布设总管，再埋设井点管，然后用弯联管连接井点管与总管，最后安装抽水设备。

井点管的埋设一般用水冲法施工，分为冲孔和埋管两个过程。

4. 轻型井点的使用

轻型井点运行后，应保证连续不断抽水。如果井点淤塞，一般可以通过听管内水流声响、手摸管壁感到有震动、手触摸管壁有冬暖夏凉的感觉等简便方法检查,发现问题,及时排除隐患,确保施工正常进行。

轻型井点法适用于土壤的渗透系数为 0.1～50m/d 的土层降水,一级轻型井点水位降低深度为 3～6m,二级井点水位降低深度可达 6～9m。

1.6 土方的填筑与压实

1.6.1 填筑要求

1. 填方基底要求

上方填筑前,填方基底的处理,应符合设计要求。设计无要求时,应符合下列规定。

(1)应清除基底上的垃圾、草皮、树根,排除坑穴中积水、淤泥和杂物等,并应采取措施防止地表水流入填方区浸泡地基土。

(2)当填土场地地面坡度陡于 1/5 时,应先将斜坡挖成阶梯形,阶高 0.2～0.3m,阶宽不小于 1m。

(3)当填方基底为耕植土或松土时,应将基底碾压密实。

(4)在水田、沟渠或池塘上填土前,应根据实际情况通过排水疏干、挖除淤泥进行换土或抛填块石、沙砾、掺石灰后,再进行填土。

2. 填土施工方法

填土可采用人工填土和机械填土两种方法。人工填土用手推车送土,以人工用铁锹、耙和锄等工具进行回填;机械填土可采用推土机、铲运机和汽车等设备。如图 1.19 所示。

图 1.19　填土施工现场

1.6.2 填土压实方法

1. 碾压法

碾压法是利用机械滚轮的压力压实土壤,使之达到所需的密实度。碾压机械有平碾、羊足碾及气胎碾等。场地平整等大面积填土工程多采用碾压法。平碾(光碾压路机)是一种以内燃机为动力的自行式压路机,适用于碾压黏性和非黏性土。

用碾压法压实填土时,铺土应均匀一致,碾压遍数要一样,碾压方向为从填土区的两边逐渐压向中心,每次碾压应有 150~200mm 的重叠。一般行驶速度:平碾不超过 2km/h,羊足碾不超过 3km/h。如图 1.20 所示。

图 1.20 碾压机械(左图为平碾;右图为羊足碾)

2. 夯实法

夯实法是利用夯锤自由下落的冲击力来夯实土壤,主要用于基坑(槽)、管沟及各种零星分散、边角部位的小面积回填,可以夯实黏性和非黏性土。夯实法分人工夯实和机械夯实两种。人工夯实常用的工具有木夯、石夯等;机械夯实常用的机械有夯锤、内燃夯土机和蛙式打夯机等,如图 1.21 所示。打夯前对填土应初步平整,打夯机依次夯打,均匀分布,不留间隙。

图 1.21 蛙式打夯机

3. 振动压实法

振动压实法是将振动压实机放在土层表面，借助振动机构使压实机振动，土颗粒发生相对位移而达到紧密状态。采用这种方法夯实非黏性土效果较好。

1.7 土 方 调 配

1.7.1 土方调配原则

（1）挖方与填方基本平衡和运距最短

力求达到挖方量与运距的乘积之和最小，即土方运输量或费用最小，以降低工程成本。但有时仅局限于一个场地范围内的挖填平衡难以满足上述原则，可根据场地和周围地形条件，考虑就近借土或就近堆弃。

（2）近期施工与后期利用相结合

当工程分期分批施工时，若先期工程有土方余量，应结合后期工程的需求来考虑利用量与堆放位置，以便就近调配。

（3）分区与全场结合

分区土方的余量或欠量的调配，必须考虑全场土方的调配，不可只顾局部平衡而妨碍全局。

（4）尽可能与大型建筑物的施工相结合

大型建筑物位于填土区时，应将开挖的部分土体予以保留，待基础施工后再进行填土，以避免土方重复挖、填和运输。

（5）合理布置挖、填方分区线

选择恰当的调配方向、运输线路，使土方机械和运输车辆的效率得到充分发挥。

（6）做好余量土方的使用调配

好土用在回填质量要求高的地区。

1.7.2　土方调配区的划分

（1）调配区的划分

调配区的划分应与房屋或构筑物的位置相协调，满足工程施工顺序和分期分批施工的要求，使近期施工与后期利用相结合。

（2）调配区大小的划定

调配区的大小应该满足土方施工用主导机械的技术要求，使土方机械和运输车辆的功效得到充分的发挥。例如，调配区的范围应该大于或等于机械的铲土长度，调配区的面积最好和施工段的大小相适应。

（3）余亏土方的调度

当土方运距较大或场区内土方不平衡时，可根据附近地形，考虑就近借土或就近弃土，这时每一个借土区或弃土区均可作为一个独立的调配区。

（4）调配区与方格网的协调统一

调配区的范围应该和土方的工程量计算用的方格网协调，通常可由若干个方格组成一个调配区。

1.7.3　土方调配图表的编制

场地土方调配，须制成相应的土方调配图表，编制的方法如下。

（1）划分调配区

在场地平面图上先画出零线，确定挖填方区；根据地形及地理条件，把挖方区和填方区再适当地划分为若干个调配区，其大小应满足土方机械的操作要求。

（2）计算土方量

计算各调配区的挖方和填方量，并标写在图上。

（3）计算调配区之间的平均运距

调配区的大小及位置确定后，便可计算各挖填调配区之间的平均运距。当用铲运机或推土机平土时，挖方调配区和填方调配区土方重心之间的距离，通常就是该挖填调配区之间的平均运距。因此，确定平均运距须先求出各个调配区土方的重心，并把重心标在相应的调配区图上，然后用比例尺量出每对调配区之间的平均运距即可。当挖填方调配区之间的运距较远，采用汽车、自行式铲运机或其他运土工具沿工地道路或规定线路运输时，其运距可按实际计算。

【分项训练】

训练1

回填一个体积为 $500m^3$ 的土坑，回填土的可松性系数 $K_s=1.2$，$K'_s=1.03$。（1）计算取土挖方的体积。（2）如果运土车容量为 $4m^3/$车，需要运几车？

训练2

某场地的方格网如图1.22所示，方格网边长 $a=20m$，泄水坡度取 $i_x=0.3\%$，$i_y=0.2\%$，试用挖填平衡法确定挖、填土方量。

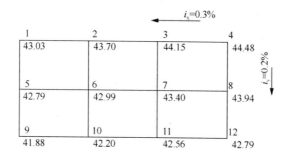

图1.22　办公楼场地方格网

项目2 基础工程

项目分项介绍

某项目工程的基础形式以独立基础为主,条形基础为辅,整体结构为框架结构形式。总建筑面积 7422m²。主要包括学生餐厅、洗消间、主副食品加工区及其他配套设施。

目标要求

1. 了解地下连续墙的施工工艺。
2. 熟悉基础工程的分类和浅基础工程的特点。
3. 掌握桩基础的施工工艺。

2.1 基础工程概述

基础工程是建筑工程中的重要环节,打好基础才能使建筑物盖得更高。考虑到建筑物正常使用功能和安全,会参照建筑物的上部结构类型、建筑物的用途、安全等级设置及设计单位给出的平面设计要求来进行基础工程的选择和施工。

2.1.1 基础工程的重要性

众所周知,基础工程由上部结构、基础、地基组成,是建筑物的重要组成部分,如图 2.1 所示。由于与地基直接接触,其构造十分复杂,且与岩土等地质环境联系密切。基础工程的施工由于是隐蔽性工程,对整体工期和造价都产生较大的影响。基础的作用是将结构所受外力传入地基,并保证地基不发生破坏和产生过大的变形,保证工程的顺利进行。

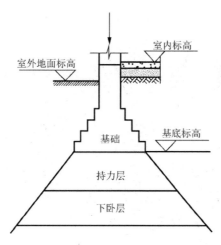

图 2.1　地基的基本组成

2.1.2　基础的分类

（1）按基础的埋深角度，可将基础分为浅基础、深基础、深浅综合基础。埋深小于 5m 或者埋深大于 5m 但小于基础的宽度，两侧的摩阻力忽略不计可以认为是浅基础。例如，独立基础、条形基础、筏形基础、箱形基础、壳体基础等。

（2）按基础是否经过地基土处理的角度，可将基础分为天然基础和人工基础。

（3）按构造形式可分为独立基础、条形基础、满堂基础、桩基础。满堂基础又分为筏形基础和箱形基础。

（4）按基础的使用角度，可将基础分为桥梁基础和房建基础两大类。

（5）按使用的材料可分为毛石基础、砖基础、灰土基础、混凝土基础和钢筋混凝土基础。

2.2　浅基础施工

浅基础根据材料类型可分为无筋扩展基础和钢筋混凝土基础。按构造形式不同分为独立基础、条形基础、筏形基础、箱形基础、壳体基础等。

2.2.1　独立基础

建筑物的上部结构采用单层排架结构承重或框架结构时，基础常采用圆柱形和多边形等形式，这类基础称为独立式基础，也称为单独基础。独立基础分三种：阶形基础、坡形基础和杯形基础。如图 2.2 所示。

图 2.2　独立基础

独立基础常用断面形式有踏步形、锥形、杯形。材料通常采用钢筋混凝土、素混凝土等。当柱子为现浇时，独立基础与柱子整浇在一起；当柱子为预制时，基础通常做成杯口形，然后将柱子插入，并用细石混凝土嵌固，此时称为杯口基础。

独立基础是整个（或局部）结构物下的无筋或配筋基础。一般是指结构柱基、高烟囱、水塔基础等形式。

独立基础的特点：

（1）基础之内的纵横方向配筋都是受力钢筋，且长方向的一般布置在下方，长宽比在 3 倍以内且底面积在 $20m^2$ 以内。

（2）一般坐落在一个十字轴线交点上，有时也跟其他条形基础相连，但是截面尺寸和配筋不完全相同。独立基础如果坐落在几个轴线交点上承载几个独立柱，称为联合独立基础。

2.2.2　条形基础

条形基础是指基础长度远远大于宽度的一种基础形式，如图 2.3 所示。按上部结构可分为墙下条形基础和柱下条形基础。条形基础布置在一条轴线上且与两条以上轴线相交，有时也和独立基础相连，但截面尺寸与配筋不尽相同。另外横向配筋为主要受力钢筋，纵向配筋为次要受力钢筋或者分布钢筋。主要受力钢筋布置在下方。

有时，为提高基础的整体性和刚度，可将各条形基础用横梁连接起来，或做成十字交叉基础，以增大基础的底面积，使基础具有更好的承载力和更强的整体性。

从结构图中可以清晰地分辨出条形基础和独立基础，值得一提的是在工程实际当中，并不是所有独立基础和条形基础都是一个尺寸的，而是根据地理环境和位置，因地制宜，通过科学的论证、设计得到的。在图纸中可以看到本项目独立基础拥有 7 种不同的尺寸，如图 2.4 所示。

图 2.3 条形基础

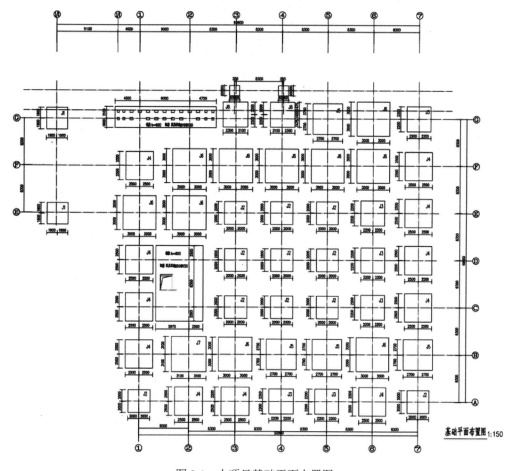

图 2.4 本项目基础平面布置图

2.2.3 筏形基础

当建筑物上部荷载较大而地基承载能力又较弱时，用简单的独立基础或条形基础已不能适应地基变形的要求，这时常将墙或柱下基础连成一片，使整个建筑物的荷载承受在一块整板上，这种满堂式的板式基础称为筏形基础，如图 2.5 所示。筏基本身还能作为地下室的地板，还能较好地防止地下水的渗入。筏形基础由于底面面积大，因此可减小基底压强，同时也可提高地基土的承载力，并且能更有效地增强基础的整体性，调整不均匀沉降。

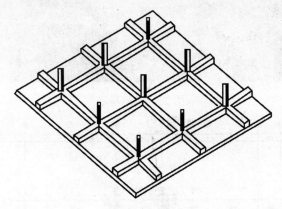

图 2.5 筏形基础

2.2.4 箱形基础

箱型基础是主要由钢筋混凝土底板、顶板、侧墙及一定数量纵墙构成的封闭箱体。如图 2.6 所示。当上部建筑物是荷载大、对地基不均匀沉降要求严格的高层建筑、重型建筑及软弱土地基上的多层建筑时，为增加基础刚度，将地下室的底板、顶板和墙体整体浇筑成箱子状的基础，称为箱形基础。此基础的抗震性能较好，刚度较大，有较好的地下空间可以利用，能够承受很大的弯矩，可用于特大荷载且需要设地下室的建筑。

当地基土层很差并且结构荷载很大时，为获得更高的承载力和刚度，还可将筏基、箱基与桩基结合起来，形成桩—筏、桩—箱等形式的组合基础。

箱形基础就像是地基一个个连接在一起的箱子，这些箱子的底板也要连续浇注，这样就形成了地下室。一般现在的高层建筑或地基比较软弱及有地下使用要求的建筑设计成箱形基础。

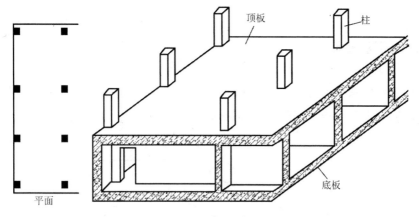

图 2.6　箱形基础

2.2.5　壳体基础

贮仓、烟囱、水塔、中小型高炉等各类筒形构筑物基础的平面尺寸较一般独立基础大，为节约材料，同时使基础结构有较好的受力特性，通常将基础做成壳体形式，称为壳体基础。其常用形式有正圆锥壳、内球外锥组合壳和 M 形组合壳等，如图 2.7 所示。

壳体基础施工比较复杂，机械化施工比较困难，施工中应特别注意以下问题。

（1）壳体下面的土胎应避免受扰动，土胎表面应抹水泥砂浆垫层，以使表面平整，形状准确。

（2）正圆锥壳的环向钢筋接头，应采用焊接连接，钢筋直径小于 14mm 时，可采用搭接。

（3）壳体混凝土应按水平层次自上向下连续一次浇完。壳壁与杯口（或上环梁）的连接处不得留有施工缝。

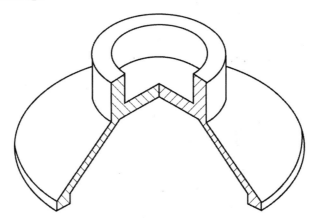

图 2.7　壳体基础

2.2.6　无筋扩展基础

无筋扩展基础系指由砖、毛石、混凝土或毛石混凝土、灰土和三合土（水泥复合土）等材料组成的墙下条形基础或柱下独立基础，又称为刚性基础，如图2.8所示。

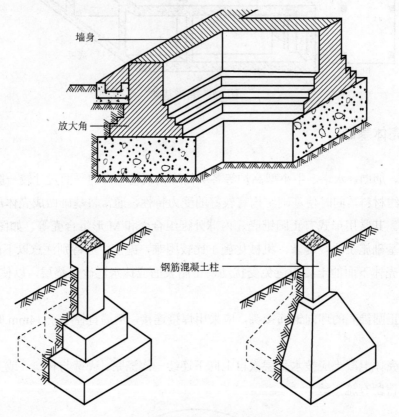

图 2.8　刚性基础

这种基础的特点：其基础材料的抗压强度较大，抗拉和抗弯能力较差。因此，在工程施工、设计时为满足无筋扩展基础的安全要求，基础通常做成台阶形，基础的外伸部分与基础的高度的比值有一定的限制。

2.3　其　他　基　础

2.3.1　沉井、沉箱基础

（1）沉井（箱）可采用排水或不排水施工。若土体中有树干、古墓、块石等障碍物，或岩层表面倾斜较大，不宜采用沉井基础。

（2）沉井（箱）是下沉结构，必须掌握确凿的地质资料。

（3）沉井（箱）刃脚的形状和构造，应与下沉处的土质条件相适应。在软土层下沉的沉井，为防止突然下沉或减少突然下沉的幅度，其底部结构应满足相应的强度和刚度。

（4）沉井（箱）的施工应由具有专业施工经验的单位承担，检查施工单位资质是否符合要求。

（5）在沉井（箱）周围土的破坏棱体范围内有永久性建筑物时，应会同有关单位研究并采取确保安全和质量的措施后方可施工。在原有建筑物附近下沉沉井（箱）时，应经常对原有建筑物进行沉降观测，必要时应采取相应的安全措施。在沉井（箱）周围布置起重机、管路和其他重型设备时，应考虑地面的可能沉陷，并采取相应的措施。

沉井基础如图 2.9 所示。

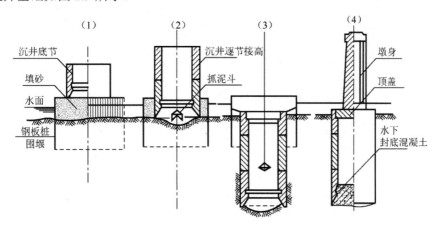

图 2.9　沉井基础

2.3.2　地下连续墙施工

（1）地下连续墙作为基坑支护结构适用于各种复杂施工环境和多种地质条件。

（2）地下连续墙的墙厚应根据计算并结合成槽机械的规格确定，但不宜小于 600mm。地下连续墙单元墙段的长度、形状，应根据整体平面布置、受力特性、槽壁稳定性、环境条件和施工要求等因素综合确定。槽段长度一般可取 6～8m，平面形状可取一字形、L 形、T 形或折线形等。当地下水位变动频繁或槽壁孔可能发生坍塌时，应进行成槽试验及槽壁的稳定验算。

（3）地下连续墙应符合相应构造要求。

（4）地下连续墙与地下室结构的钢筋连接可采用在地下连续墙内预埋钢筋、接驳器、钢板等，预埋钢筋宜采用 I 级钢筋，连接钢筋直径大于 20mm 时，宜采用接驳器连接。对接驳器也应按原材料检验要求，抽样复验。数量每 500 套为一个检验批，每批应抽查 3 件，复验内容为外观、尺寸、抗拉实验等。

（5）地下连续墙均应设置导墙，导墙形式有预制及现浇两种，现浇导墙形状有 L 形或倒 L 形，可根据不同土质选用。导墙施工是确保地下墙的轴线位置及成槽质量的关键工序。土层性质较好时，可选用倒 L 形，甚至预制钢导墙；采用 L 形导墙，应加强导墙背后的回填夯实工作。

（6）地下连续墙槽段之间接头的构造应便于施工，一般可采用不传递应力的普通接头。其他接头形式包括防水接头、带穿孔的十字钢板抗剪接头和带端板的钢筋搭接头。

（7）地下连续墙的施工，应考虑对周围环境的保护要求。

（8）钢筋笼入槽前，应采用底部抽吸和顶部补浆的办法对槽底泥浆、沉淀杂物进行清除。

地下连续墙如图 2.10 所示。

图 2.10　地下连续墙

2.4　基础埋置深度

基础底面埋入地基的深度即基础埋深。确定它的深度对结构物的牢固、稳定与正常使用有重要意义。在确定基础埋置深度时，要根据桥跨结构的类型、上部结构传下来的荷载大小和地质情况，并考虑冲刷和地基冻胀等因素，以保证基础安全稳定，把上部荷载传递到良好的地基上去。

影响基础埋深选择的主要因素有作用在地基上的荷载大小和性质；工程地质和水文地质条件；相邻建筑物的基础埋深；建筑物的用途，有无地下室、设备基础和地下设施，基础的形式和构造；地基土冻胀和融陷的影响等。

2.4.1　埋置深度的确定

基础埋置深度应综合考虑以下几个方面。

（1）建筑物的功能和用途，有无地下室、设备层和地下设施，基础的形式和构造。

（2）作用在地基上的荷载大小和性质。例如，高层建筑竖向荷载大，又受风力和地震水平荷载影响，采用筏形基础和箱形基础的埋置深度随着高度增加应适当增大，不仅应满足地基承载力的要求，还要满足变形和稳定性的要求，除岩石地基外其埋置深度不宜小于建筑物高度的 1/15，桩箱或桩筏基础埋置深度（不计桩长）不宜小于建筑物高度的 1/18～1/20；位于岩石地基上的高层建筑，常须依靠侧面岩土体来承担水平荷载，其基础埋置深度应满足要求。

（3）工程地质和水文地质条件。根据场地岩土层分布情况，在满足地基稳定和变形要求的前提下，基础应坐落在工程地质性质较好的持力层上，当存在软弱下卧层时，基础应尽量浅埋，加大基底与软弱下卧层顶板的距离；当土层分布明显不均匀或各部位荷载差别较大时，同一建筑物的基础可以采用不同的埋深对不均匀沉降进行调整。除岩石地基外，基础埋深不宜小于 0.5m。基础宜埋置在地下水位以上，当必须埋在地下水位以下时，应考虑施工中可能出现的涌土、流砂的可能，采取基坑排水、坑壁围护等使地基土不受扰动的措施，同时还应考虑基础由于水浮力有可能上浮等问题。

（4）相邻建筑物基础埋深。相邻建筑由于附加应力的扩散和叠加，使得太近的两幢新老建筑产生附加的不均匀沉降，有可能使建筑物开裂或倾斜。新建筑物的基础埋深不宜超过原有建筑物基础的底面，否则应保持一定的距离，其数值应根据原有建筑的荷载大小、基础形式和土质情况确定，一般不小于相邻基础底面高差的 1～2 倍。不能满足上述要求时，应采取分段施工、设临时加固支撑、打板桩、地下连续墙等施工措施，或加固原有建筑物地基等措施以保证已有建筑物的安全。

（5）地基土冻胀与融陷的影响。对冻土厚度较大，土温比较稳定，或不采暖建筑，基础始终处于冻土层的应遵循"保持冻结法"设计原则。对上部结构刚度较好、对不均匀沉降不敏感的建筑或高温车间、浴室等，按允许融化原则设计较合理。

2.4.2 防冻害措施

在冻胀地基上，应采用下列防冻害措施。

（1）对在地下水位以上的基础，基础侧面应回填非冻胀性的粗砂或中砂，其厚度不小于 10cm。对在地下水位以下的基础，可采用桩基础、自锚式基础（冻土层下有扩大板或扩底短桩）或采取其他有效措施。

（2）外门斗、室外台阶和散水等部位宜与主体结构断开，散水坡分段不宜超过 1.5m，坡度不宜小于 3%，其不宜填入非冻胀性材料。

（3）宜选择地势高、地下水位低、地表排水良好的建筑场地。对低洼场地，宜在建筑四周向外 1 倍的冻深距离范围内，使室外地坪至少高出自然地面 300～500mm。

（4）为防止雨水、地表水、生产废水、生活污水侵入建筑地基，应设置排水设施。

在山区应设截水沟或在建筑物下设置暗沟，以排走地表水和潜水流。

（5）当独立基础联系梁下或桩基础承台下有冻土时，应在梁或承台下留有相当于该土层冻胀量的空隙，防止因土的冻胀将梁或承台拱裂。

（6）对跨年度施工的建筑，入冻前应对地基采取相应的防护措施。

2.5　桩基础施工

当浅基础无法满足建筑物对地基承载力和变形的要求时，可选用深基础。深基础埋深较大，主要有桩基础、沉井基础、地下连续墙等，目前应用最为广泛的是桩基础形式。桩基础作为深基础具有承载能力高、稳定性好、沉降量小而均匀、沉降速率低、抗地基液化性能好等特点。因此，桩基础几乎可应用于建筑构造中的各种工程地质条件和各种类型的建筑工程，尤其适用于建造在软卧地基上的高层、重型建筑物当中。下列情况往往适宜采用桩基础。

（1）高重建筑物下，天然地基承载力与变形能力不能满足要求时。

（2）地基土性不稳定，如液化土、湿陷性黄土、季节性冻土、膨胀土等，要求采用桩基将荷载传至深部土性稳定的土层时。

（3）地基软弱，采用地基加固措施技术上不可行或经济上不合理时。

（4）地基软硬不均或荷载分布不均，天然地基不能满足结构物对差异沉降限制的要求时。

（5）建筑物受到相邻建筑物或地面堆载影响，采用浅基础将会产生过量沉降或倾斜时。

2.5.1　桩基础的分类

基础桩可按承载性状、使用功能、桩身材料、成桩方法和工艺、桩径大小等进行分类。

1. 按承台位置高低分类

（1）高承台桩基。由于结构设计上的需要，群桩承台底面有时设在地面或局部冲刷线之上，这种桩基称为高承台桩基。这种桩基在桥梁、港口等工程中常用。

（2）低承台桩基。凡是承台底面埋置于地面或局部冲刷线以下的桩基称为低承台桩基。房屋建筑工程的桩基多属于这一类。

2. 按承载性质不同分类

（1）摩擦型桩，如图 2.11（b）所示。

① 摩擦桩。竖向荷载下，桩基的承载力以桩侧摩擦阻力为主，外部荷载主要通过桩身侧表面与土层之间的摩擦阻力传递给周围的土层，桩尖部分承受的荷载作用很小。主要用于岩层埋置很深的地基。这类桩基的沉降较大，稳定时间较长。

② 端承摩擦桩。在极限承载力的状态下，桩顶荷载主要由桩侧摩擦阻力承受。即在外荷载作用下，桩的端阻力和侧壁摩擦力同时发挥作用，但桩侧摩擦阻力大于桩尖阻力。如穿过软弱地层嵌入较坚实的硬黏土的桩。

（2）端承型桩，如图 2.11（a）所示。

① 端承桩。在极限荷载作用状态下，桩顶荷载由桩端阻力承受的桩。如通过软弱土层桩尖嵌入基岩的桩，外部荷载通过桩身直接传给基岩，桩的承载力由桩的端部提供，不考虑桩侧摩擦阻力的作用。

② 摩擦端承桩。在极限荷载作用状态下，桩顶荷载主要由桩端阻力承受的桩。如通过软弱土层桩尖嵌入基岩的桩，由于桩的细长比很大，在外部荷载作用下，桩身被压缩，使桩侧摩擦阻力得到部分发挥。

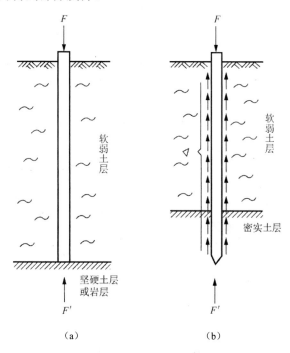

图 2.11　桩基础的分类

3．按桩身材料分类

根据桩身材料可分为混凝土桩、钢桩和组合材料桩等。

（1）混凝土桩

混凝土桩如图 2.12 所示，是目前应用最广泛的桩，具有制作方便，桩身强度高，耐腐蚀性能好，价格较低等优点。它可分为预制混凝土方桩、预应力混凝土空心管桩和灌注混凝土桩等。

图 2.12　混凝土桩

（2）钢桩

分为钢管桩和形钢桩，如图 2.13 所示。钢桩桩身材料强度高，桩身表面积大而截面积小，在沉桩时贯透能力强而挤土影响小，在饱和软黏土地区可减少对邻近建筑物的影响。形钢桩常见有工字形钢桩和 H 形钢桩。钢管桩由各种直径和壁厚的无缝钢管制成。由于钢桩价格昂贵、耐腐蚀性能差，应用受到一定的限制。

图 2.13　钢桩

（3）木桩

目前已经很少使用，只在某些加固工程或能就地取材的临时工程中使用。在地下水位以下时，木材有很好的耐久性，而在干湿交替的环境下，木材很容易腐蚀，且木材价格较贵。如图2.14所示。

图 2.14　木桩

（4）砂石桩和灰土桩

主要用于地基加固和挤密土壤。

4．按桩的使用功能分类

（1）竖向抗压桩

承受竖向荷载是竖向抗压桩主要的受荷形式。根据荷载传递特征，可分为摩擦桩、端承摩擦桩、摩擦端承桩及端承桩4类。

（2）竖向抗拔桩

主要承受竖向抗拔荷载的桩，使用时应进行桩身强度和抗裂性能及抗拔承载力验算。

（3）水平受荷桩

工程的板桩、基坑的支护桩等都是主要承受水平荷载的桩。桩身的稳定依靠桩侧土的抗力，往往还须设置水平支撑或拉锚以承受部分水平力。

（4）复合受荷桩

承受竖向、水平荷载均较大的桩，使用时应按竖向抗压桩以及水平受荷桩的要求进行验算。

5. 按桩直径大小分类

（1）小直径桩 $d \leqslant 250mm$。

（2）中等直径桩 $250mm < d < 800mm$。

（3）大直径桩 $d \geqslant 800mm$。

6. 按成孔方法分类

（1）非挤土桩

非挤土桩是指成桩过程中桩的周围土体基本不受挤压的桩。在成桩过程中，将与桩体积相同的土挖出，桩周围的土很少受到扰动。这类桩主要通过干作业法、泥浆护壁法、套管护壁法成桩，分为钻挖孔灌注桩、钻孔桩、井筒管桩和预钻孔埋桩等。

（2）部分挤土桩

这类桩在施工过程中，由于挤土作用轻微，故桩周围土体的工程性质变化不大。这类桩主要有截面厚度不大的工字形和 H 形钢桩、开口钢管桩和螺旋钻成孔桩等。

（3）挤土桩

在成桩过程中，桩周围的土被挤密或挤开，使桩周围的土受到严重扰动，土的原始结构遭到破坏，土的工程性质发生很大变化。挤土桩主要有打入或压入的混凝土方桩、预应力管桩、钢管桩和木桩。另外沉管式灌注桩也属于挤土桩。

7. 按制作工艺分类

（1）预制桩

钢筋混凝土预制桩是在工厂或施工现场预制而成的，用锤击打入、振动沉入等方法，使桩沉入地下。

（2）灌注桩

又叫现浇桩，直接在设计桩位的地基上成孔，在孔内放置钢筋笼或不放钢筋，后在孔内灌注混凝土而成桩。与预制桩相比，可节省钢材，在持力层起伏不平时，桩长可根据实际情况而定。

2.5.2　桩的质量检验

桩基础属于地下隐蔽工程，尤其是灌注桩，很容易出现缩颈、夹泥、断桩或沉渣过厚等多种形态的质量缺陷，影响桩身的完整性和单桩承载力，因此必须进行施工监督和质量检查以保证质量，减少隐患。对于柱下单桩或大直径灌注桩工程，保证桩身质量就更为重要。目前已有多种桩身结构完整性的检测技术，下列几种较为常用。

1. 开挖检查

只限于对暴露的桩身进行观察。

2. 抽芯法

在灌注桩桩身内钻孔（直径 100～150mm），取混凝土芯样进行观察和单轴抗压实验，了解混凝土有无空洞、离析、桩底沉渣和夹泥等现象。有条件时也可通过钻孔直接观察孔壁质量。

3. 声波检测法

预先在桩中埋入 3～4 根声测管，利用超声波在混凝土中传播速度的变化来检测桩身质量。试验时在其中一根管内放入发射器，而在其他管中放入接收器，通过测读并记录不同深度处声波的传递时间来分析判断桩身质量。

4. 动测法

包括低应变动测和高应变动测两种方法，对等截面、质地较均匀的预制桩的测试效果较好。

5. 静载实验

在桩顶部逐级施加竖向压力、竖向上拔力或水平推力，观测桩顶随时间产生的沉降、上拔位移和水平位移，以确定相应的单桩竖向抗压承载力、竖向抗拔承载力和水平承载力的试验方法。

2.5.3 预制桩施工工艺

钢筋混凝土预制桩有实心桩和管桩两种。实心桩一般为方形断面，常用尺寸为 200mm×200mm～500mm×500mm，一般在施工现场预制，单根桩的最大长度取决于打桩架的高度，目前一般在 27m 以内，如需打 30m 以上的桩，则应考虑接桩，即整体分段预制，打桩过程中逐段接长；管桩一般为外径 400～500mm 的空心圆柱，在工厂采用离心法制成，大多采用先张法预应力工艺。

1. 桩的预制

现场制作混凝土预制桩一般采用间隔重叠法生产，桩与桩间用塑料薄膜或隔离剂隔开，邻桩与上层桩的混凝土须待邻桩与下层桩的混凝土达到设计强度的 30% 以后进行；重叠层数不超过 4 层，层与层之间涂刷隔离剂；桩中钢筋应位置准确，主筋连接采用对焊，接头位置应相互错开，桩顶、桩尖一定范围内不要留接头；桩尖对准纵轴线，桩顶平面和接桩端面应平整；混凝土强度等级不低于 C30，混凝土应机拌机捣，由桩顶向桩尖连续浇筑捣实，严禁中断，养护不少于 7 天；主筋根据桩断面大小及吊装验算确定，一般为 4～8 根，直径 12～25mm；箍筋直径为 6～8mm，间距不大于 200mm，打入桩桩顶 2～3d 长度范围内箍筋应加密，并设置钢筋网片。

桩尖处可将主筋合拢焊在桩尖辅助钢筋上，在密实砂和碎石类土中，可在桩尖处包以钢板桩靴，加强桩尖。

2. 桩的起吊、运输和堆放

（1）桩的起吊

桩的混凝土强度至少达到设计强度等级的 70%方可起吊，吊点应设在设计规定之处，设计无规定时，应查找《建筑施工手册》的图表数据或按吊桩弯矩最小（一点起吊）、正负弯矩相等或接近（两点或多点起吊）的原则自行计算确定吊点位置；长 20～30m 的桩一般采用 3 个吊点。如图 2.15 所示。

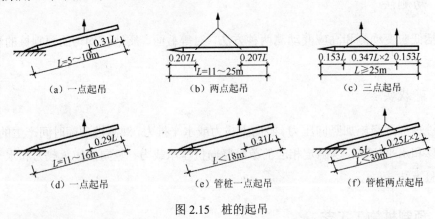

（a）一点起吊　　（b）两点起吊　　（c）三点起吊

（d）一点起吊　　（e）管桩一点起吊　　（f）管桩两点起吊

图 2.15　桩的起吊

（2）桩的运输和堆放

桩运输时的混凝土强度应达到设计强度的 100%；打桩时桩宜随打随运，以避免二次搬运；桩的堆放场地地面必须平整坚实，垫木间距应与吊点位置相同，各层垫木应在同一垂直面上，层数不超过 4 层，不同规格的桩应分别堆放；运输和堆放的桩桩尖方向应符合吊升的要求，以免临时将桩掉头。

3. 打桩设备

打桩机械设备主要包括桩锤、桩架、动力设备三部分。

（1）桩锤

桩锤对桩施加冲击力，将桩打入土中，如图 2.16 所示。

① 落锤。依靠落距（重力加速度）打桩，速度慢，效率低，对桩损伤大；落锤重

量为 5～20kg，用于普通黏性土和含砾石较多的土层中打桩。

② 气锤。利用蒸汽或压缩空气为动力进行锤击，有单动和双动之分，落距短、速度快、效率高，适宜打各类桩，尤其是双动气锤可打斜桩、水下打桩和拔桩。单动气锤的锤重 30～150kg，双动气锤的锤重 0.6～6t（6～60kN）。

③ 柴油锤。目前使用较多，有筒式、活塞式和导杆式三种，不适于在硬土和软土中打桩。由于产生噪声、振动和空气污染等公害，在城市施工中受到限制。

④ 液压锤。无噪声、冲击频率高，是理想的冲击式打桩设备，但造价较高。

使用锤击法沉桩施工，选择桩锤是关键。首先应根据施工条件选择桩锤的类型，然后决定锤重，一般锤重大于桩重的 1.5～2 倍时效果较为理想（锤击法不适用于小直径桩、短桩）。

图 2.16　桩锤

（2）桩架

桩架用于支持桩身和桩锤将桩吊到打桩位置，并在打入过程中引导桩的方向，保证桩锤沿着所要求的方向冲击。常用的桩架形式有以下三种：滚筒式桩架、履带式桩架和多功能桩架。如图 2.17 所示。

桩架主要由盘底、导杆或龙门架、斜杆、滑轮组和动力设备等组成。打桩过程中，桩架的主要作用是起重与导向。落锤、气锤、柴油锤、液压锤以及钻孔机的工作装置等在施工时都必须与桩架配套使用。

（3）动力设备

动力设备包括驱动桩锤用的动力设施，如卷扬机、锅炉、空气压缩机和管道、绳索和滑轮等。

图 2.17　桩架

4. 打桩施工

（1）准备工作

准备工作包括清除地上或地下障碍物、平整场地、定位放线、通电、通水、安设打桩机及打桩试验（又叫沉桩试验）等。

注意事项：

① 桩基轴线的定位点应设置在不受打桩影响处。

② 每个桩位打一个小木桩。

③ 打桩地区附近设置不少于 2 个水准点，供施工过程中检查桩位的偏差和桩的入土深度。

（2）打桩顺序

打桩时，由于桩对土体的挤密作用，先打入的桩容易被后打入的桩水平挤推而造成偏移、变位或被垂直挤拔造成浮桩；致使打入的桩难以达到设计标高或入土深度，造成土体隆起和挤压，截桩过大。所以，群桩施工时，为了保证质量和进度，防止周围建筑物被破坏，打桩前要根据桩的密集程度、桩的规格、长短及桩架移动是否方便等因素来选择正确的打桩顺序。

（3）抄平放线，定桩位，设标尺

在沉桩现场或附近区域，应设置不少于 2 个的水准点，以作为抄平场地标高和检查桩的入土深度之用。根据建筑物的轴线控制桩，按设计图纸要求定出桩基础轴线（偏差值应≤20mm）和每个桩位（偏差值应≤10mm）。

定桩位的方法：在地面上用小木桩或撒白灰点标出桩位（当桩较稀时使用），或用设置龙门板拉线法定出桩位（当桩较密时使用）。其中龙门板拉线法可避免因沉桩挤动土层而使小木桩移动，故能保证定位准确。同时也可作为在正式沉桩前，对桩的轴线和桩位进行复核之用。打桩施工前，应在桩架或桩侧面设置标尺，以观测控制桩的入土深度。

（4）垫木、桩帽和送桩

桩锤与桩帽之间应放置垫木，以减轻桩锤对桩帽的直接冲击。垫木应采用硬杂木制作，为增加锤击次数，垫木上配置一道钢箍。垫木下为桩帽，桩帽由扁钢焊成，其内孔尺寸视桩截面而定，一般不大于桩截面尺寸 $1\sim2cm^2$，深度为 1/2～1/3 桩的边长或直径。在打桩时，若要使桩顶打入土中一定深度，则须设置送桩。送桩大多用钢材制作，其长度和截面尺寸应视需要而定。用送桩打桩时，待桩打至自然地面上 0.5m 左右，把送桩套在桩顶上，用桩锤击打送桩顶部，使桩顶没入土中。

（5）打桩中常见问题的分析和处理

① 桩顶、桩身被打坏。这个现象一般是桩顶四周和四角打坏或者顶面被打碎。有时甚至将桩头钢筋网部分的混凝土全部打碎，几层钢筋网都露在外面，有的是桩身混凝土崩裂脱落，甚至桩身断折。发生这些问题的原因及处理方法如下。

a．打桩时，桩的顶部由于直接受到冲击而产生很高的局部应力。因此，桩顶的配筋应进行特别处理，其合理构造见相关规定。这样纵向钢筋对桩的顶部既起到箍筋作用，同时又不会直接因受冲击而颤动，因而可避免引起混凝土的剥落。

b．桩身混凝土保护层太厚。直接受冲击的是素混凝土，因此容易剥落。

c．桩的顶面与桩的轴线不垂直，则桩处于偏心受冲击状态，局部应力增大，极易损坏。有时由于桩帽比桩大，套上的桩帽偏向桩的一边，或者桩帽本身不平，也会使桩受到偏心冲击。有的桩在施打时发生倾斜，锤击数下就可以看到一边的混凝土被打碎而脱落，这都是由于偏心冲击使局部应力过大的缘故。因此，预制桩时，必须使桩的顶面与桩的轴线严格保持垂直。施打时，桩帽要安垫平整，打桩过程中要避免打歪后仍旧继续施打，一经发现歪斜，就应及时纠正。

② 打歪。桩顶不平，桩身混凝土凸肚，桩尖偏心，接桩不正或土中有障碍物，都容易使桩打歪。此外，桩被打歪往往与操作有直接关系，例如桩初入土时，桩身就歪斜，但未纠正即予施打，就很容易把桩打歪。防止把桩打歪，可采取以下措施。

a．打桩机的导架：必须仔细检查其两个方向的垂直度，以确保垂直，否则，打入的桩会偏离桩位。

b．竖立起来的桩，其桩尖必须对准桩位，桩顶要正确地套入桩帽内，使桩承受轴心锤击而沉入土中。

c．打桩开始时，桩锤用小落距将桩徐徐击入土中，并随时检查桩的垂直度，待桩入土一段长度并稳住后，再适当增大落距将桩连续击入土中。

d．桩顶不平、桩尖偏心易使桩打歪，因此必须注意桩的制作质量和桩的验收检查工作。

e．如果由于地下障碍物使桩打歪，应设法排除或经研究后移位再打。

③ 打不下去。在市区打桩，如初入土 1～2m 就打不下去，贯入度突然变小，桩锤严重回弹，则可能遇上旧的灰土或混凝土基础等障碍物，必要时应彻底清除或钻透后再打，或者将桩拔出，适当移位后再打。如桩已打入土中很深，突然打不下去，这可能有以下几种情况。

a．桩顶或桩身已打坏，锤的冲击能不能有效地传给桩，使之继续沉入土中。

b．土层中央有较厚的砂层或其他硬土层，或者遇上钢碴、孤石等障碍物，应会同设计勘探部门共同研究解决。桩打歪有时也会发生类似现象。

打桩过程中，因特殊原因不得已而中断，停歇一段时间以后再予施打，往往由于土的固结作用，使得桩身周围的土与桩牢固结合，钢筋混凝土桩变成了直径较大的土桩而承受荷载，难以继续将桩打入土中。所以在打桩施工中，必须尽量保持施打的连续进行。

④ 一桩打下，邻桩上升。这种现象多在软土中发生，即桩贯入土中时，由于桩身周围的土体受到急剧的挤压和扰动，被挤压和扰动的土靠近地面的部分在地表面隆起和水平移动。若布桩较密，打桩顺序又欠合理时，一桩打下，将造成邻桩上升，或将邻桩拉断，也可引起周围土坡开裂、建筑物裂缝。因此，当桩的间距≤5d 时，应当分段施打，以免土体朝着同一方向运动，造成过大的水平移动和隆起。

2.5.4　灌注桩施工工艺

1．钻孔灌注桩

（1）钻孔机械设备

① 全叶螺旋钻孔机。用于地下水位以上的黏土、粉土、中密以上的砂土或人工填土土层的成孔，成孔孔径为 300～800mm，钻孔深度 8～12m。配有多种钻头，以适应不同的土层。

② 回转钻孔机。最大钻孔直径可达 2.5m，钻进深度可达 50～100m，适用于碎石类土、砂土、黏性土、粉土、强风化岩、软质与硬质岩层等多种地质条件。

③ 潜水钻机。潜水钻机适用于黏性土、黏土、淤泥、淤泥质土、砂土、强风化岩、软质岩层，不宜用于碎石土层中。

（2）钻孔灌注桩施工工艺

① 干作业成孔灌注桩。适用于成孔深度 8～12m，成孔直径 300～600mm，成孔深度无地下水的一般黏性土、砂土及人工填土，不宜用于地下水位以下的上述各类土及淤泥质土。

a. 施工工艺流程：场地清理→测量放线定桩位→桩机就位→钻孔取土成孔→清除孔底沉渣→成孔质量检查验收→吊放钢筋笼→浇筑孔内混凝土。

b. 施工注意事项。开始钻孔时，应保持钻杆垂直、位置正确，防止因钻杆晃动引起孔径扩大及增多孔底虚土。发现钻杆摇晃、移动、偏斜或难以钻进时，应提钻检查，排除地下障碍物，避免桩孔偏斜和钻具损坏。钻进过程中，应随时清理孔口黏土，遇到地下水、塌孔、缩孔等异常情况，应停止钻孔，会同有关单位研究处理。

钻头进入硬土层时，易造成钻孔偏斜，可提起钻头上下反复扫钻几次，以便削去硬土。若纠正无效，可在孔中局部回填黏土至偏孔处 0.5m 以上，再重新钻进。成孔达到设计深度后，应保护好孔口，按规定验收，并写好施工记录。孔底虚土尽可能清除干净，可采用夯锤夯击孔底虚土或进行压力注水泥浆处理，然后快速吊放钢筋笼，并浇筑混凝土。混凝土应分层浇筑，每层高度不大于 1.5m。

② 泥浆护壁成孔灌注桩。泥浆护壁成孔灌注桩是利用泥浆护壁，钻孔时通过循环泥浆将钻头切削下的土渣排出孔外而成孔，而后吊放钢筋笼，水下灌注混凝土而成桩。成孔方式有正（反）循环回转钻成孔、正（反）循环潜水钻成孔、冲击钻成孔、冲抓锥成孔、钻斗钻成孔等。不同土质和地下水位高低都适用。

a. 施工工艺流程：

第一步，测定桩位。平整清理好施工场地后，设置桩基轴线定位点和水准点，根据桩位平面布置施工图，定出每根桩的位置，并画好标志。施工前，桩位要检查复核，以防被外界因素影响而造成偏移。

第二步，埋设护筒。护筒的作用是固定桩孔位置，防止地面水流入，保护孔口，增高桩孔内水压力，防止塌孔，成孔时引导钻头方向。护筒用 4～8mm 厚钢板制成，内径比钻头直径大 100～200mm，顶面高出地面 0.4～0.6m，上部开 1～2 个溢浆孔。埋设护筒时，先挖去桩孔处表土，将护筒埋入土中，其埋设深度在黏土中不宜小于 1m，在砂土中不宜小于 1.5m。其高度要满足孔内泥浆液面高度的要求，孔内泥浆面应保持高出地下水位 1m 以上。采用挖坑埋设时，坑的直径应比护筒外径大 0.8～1.0m。护筒中心与桩位中心线偏差不应大于 50mm，对位后应在护筒外侧填入黏土并分层夯实。

第三步，泥浆制备。泥浆的作用是护壁、携砂排土、切土润滑、冷却钻头等，其中以护壁为主。泥浆制备应根据土质条件确定。在黏土和粉质黏土中成孔时，可注入清水，以原土造浆，排渣泥浆的密度应控制在 1.1～1.3g/cm³；在其他土层中成孔，泥浆可选用高塑性（不小于 17）的黏土或膨润土制备；在砂土和较厚夹沙层中成孔时，泥浆密度应控制在 1.1～1.3g/cm³；在穿过砂夹卵石层或容易塌孔的土层中成孔时，泥浆密度应控制在 1.3～1.5g/cm³。施工中应经常测定泥浆密度，并定期测定黏度、含砂率和胶体率。泥浆的控制指标为黏度 18～22s、含砂率不大于 8%、胶体率不小于 90%，为了提高泥浆质量可加入外掺料，如增重剂、增黏剂、分散剂等。施工中废弃的泥浆、泥渣应按环保的有关规定处理。

第四步，清孔。当钻孔达到设计要求深度并经检查合格后，应立即进行清孔。目的是清除孔底沉渣以减少桩基的沉降量，提高承载能力，确保桩基质量。清孔方法有真空吸泥渣法、射水抽渣法、换浆法和掏渣法。

清孔应达到如下标准才算合格：一是对孔内排出或抽出的泥浆，用手摸捻应无粗粒，孔底 500mm 以内的泥浆密度小于 1.25g/cm³（原土造浆的孔则密度应小于 1.1g/cm³）；二是在浇筑混凝土前，孔底沉渣允许厚度符合标准规定，即端承桩≤50mm，摩擦端承桩或端承摩擦桩≤100mm，摩擦桩≤300mm。

第五步，吊放钢筋笼。钢筋笼主筋净距必须大于 3 倍的骨料粒径，加劲箍宜设在主筋外侧，钢筋保护层厚度不应小于 35mm（水下混凝土不得小于 50mm）。可在主筋外侧安设钢筋定位器，以确保保护层厚度。为了防止钢筋笼变形，可在钢筋笼上每隔 2m 设置一道加强箍，并在钢筋笼内每隔 3～4m 装一个可拆卸的十字形临时加劲架。

b．施工注意事项：

出现孔壁塌陷：钻进过程中如发现排出的泥浆中不断出现气泡或泥浆液面突然下降，这表示有孔壁坍陷迹象。预防及处理措施是把护筒周围用黏土填封密实，钻进过程中及时添加新鲜泥浆，使其高于孔外水位，遇流沙、松散土层时适当加大泥浆密度，控制钻进速度和空转时间；孔壁坍陷时应保持孔内泥浆液位并加大泥浆比重以稳孔护壁，如孔坍陷严重，应提出钻具立即回填黏土，待孔壁稳定后再钻。

出现钻孔偏斜：此时应提钻后反复钻，若仍不行，回填黏土再重新钻进。钻进过程中钻杆不垂直、土层软硬不均或碰到孤石都会引起钻孔偏斜。预防措施是钻机安装时对导架进行水平和垂直校正，发现钻杆弯曲时应及时更换，遇软硬变化土层应低速钻进；出现钻杆偏斜时可提起钻头，上下反复扫钻几次，如纠正无效，应于孔中局部回填黏土至偏孔处 0.5m 以上，稳定后再重新钻进。

出现孔底隔层：指孔底残留石渣过厚，孔脚涌进泥沙或塌壁泥土落底。造成孔底隔层的主要原因是清孔不彻底，清孔后泥浆浓度减少或浇筑混凝土、安放钢筋骨架时碰撞孔壁造成塌孔落土。主要防治措施为做好清孔工作，注意泥浆浓度及孔内水位变化，施工时注意保护孔壁。

出现夹泥或软弱夹层：指桩身混凝土混进泥土或形成浮浆泡沫软弱夹层。其形成的主要原因是浇筑混凝土时孔壁坍塌或导管口埋入混凝土高度太小，泥浆被喷翻，掺入混凝土中。防治措施：经常注意混凝土表面标高变化，保持导管下口埋入混凝土表面标高，保持导管下口埋入混凝土下的高度,并应在钢筋笼下放孔内 4h 内浇筑混凝土。

出现流沙现象:指成孔时发现大量流沙涌塞孔底。流沙产生的原因是孔外水压力比孔内水压力大,孔壁土松散。流沙严重时可抛入碎砖石、黏土,用锤冲入流沙层,防止流沙涌入。

（3）常见问题及处理方法

① 断桩。露出地面的桩体可用目测观察,桩体在地下 2～3m 范围内断裂,用手或脚轻摇会有浮振的感觉,深处的断桩可采用动测法检测。防止断桩的措施主要:控制桩的中心距大于 3.5 倍桩径,合理安排打桩施工顺序和桩架行走路线,采用跳打法和控制时间法使桩身混凝土终凝前避免振动和扰动,认真控制拔管速度。断桩一经发现,应将断桩拔去,清理桩孔及接桩面,略增大桩身截面积再重新浇筑桩身混凝土。

② 缩颈。在流塑状态的淤泥土质打桩时,在拔管过程中要设置浮标观测每 50～100cm 高度内混凝土的灌入量,根据灌入量和桩径的换算画出桩形图,根据桩形图是否异常来监测缩颈现象的发生。预防措施:严格控制拔管速度在 0.6～0.8m/min 以内,桩管内尽量多装混凝土,使管内混凝土高于地面或地下水位 1～1.5m 以上。发现桩身出现缩颈现象及时采取复打法进行处理。

③ 桩靴进水。桩管沉至设计标高后,用浮标可测得桩底是否进水或进泥。预防措施:桩尖活瓣间隙或预制桩头与桩管接触处要严密,对缝隙较大的桩尖或桩头应及时修理或更换。出现桩靴进水或进泥情况的处理方法是先在桩管内灌入 0.5m 高水泥砂浆,再灌入 1m 高混凝土然后打下。

④ 吊脚桩。第一次拔管时,观测管内浮标可监测桩尖活瓣或预制桩头是否打开或脱开。预防吊脚桩的措施是采取“密振慢抽”方法,开始拔管 50cm,将桩管反插几下,然后再正常拔管,同时保持混凝土有良好的和易性,防止卡管和堵管,严格控制预制桩尖的强度和规格,防止桩尖打碎或压入管内。发现吊脚桩应将桩管拔出后填砂重打。

2.5.5 预制桩和灌注桩的优缺点

1. 预制桩

（1）预制混凝土桩可在工厂集中生产,也可在场地四周预制,单节长 10m 左右。

（2）桩的单位面积承载力较高。尤其是挤土桩,桩打入后其四周的土层被挤密,从而提高地基承载力。

（3）桩身质量易于保证和检查;适用于水下施工;桩身混凝土的密度大,抗腐蚀性能强;施工工效高。尤其打桩的施工工序较灌注桩简单,工效也高。

（4）预制桩是挤土桩,施工时易引起四周地面隆起,有时还会引起已施工好的邻桩上浮。

（5）预制桩单价较灌注桩高。预制桩的配筋是根据搬运、吊装和压入桩时的应力设计的，远超过正常工作荷载的要求，用钢量大。接桩时，还须增加相关费用。

（6）使用锤击和振动法下沉的预制桩，施工时振动噪声大，影响四周环境，不宜在城市建筑物密集的地区使用，一般须改进为静压桩机进行施工。

（7）起吊设备能力受到限制，单节桩的长度不能过长，一般为10m左右。长桩需要接桩时，接头处形成薄弱环节，如不能确保桩的垂直度，则将降低桩的承载能力，甚至还会在打桩时出现断桩。

（8）预制桩的适用条件：

① 持力层上覆盖为松软土层，没有坚硬的夹层。

② 持力层顶面的土质变化不大，易于控制，减少截桩或多次接桩。

③ 水下桩基工程。

④ 大面积打桩工程。由于此桩工序简单、工效高，在桩数较多的前提下，可抵消预制价格较高的缺点，节省基础建设投资。

⑤ 因已在工厂预制，可缩短工期。

（9）预制桩不易穿透较厚的坚硬地层，当坚硬地层下仍存在待穿过的软弱层时，则需要辅以其他施工措施，如采用预钻孔等方法。

2. 灌注桩

（1）适用于不同的土层，适用范围广。

（2）灌注混凝土桩是用桩机设备在施工现场就地成孔或采用人工挖孔，在孔内放置钢筋笼灌注混凝土而成。

（3）桩长可根据需要改变，没有接头。

（4）桩身直径较大，孔底沉积物不易清除干净，因而单桩承载力变化较大。

（5）仅承受轴向压力时，只须配置少量构造钢筋。须配制钢筋笼时，按工作荷载要求布置，节约了钢材；单桩承载力大。

（6）正常情况下，比预制桩经济。

（7）桩身质量不易控制，容易出现断桩、缩颈、露筋和夹泥等现象。

（8）一般不宜用于水下桩基。

【分项训练】

某建筑施工单位在河流沿岸打造一片高端河景洋房，前期通过调研和相关主管部门提供的资料发现，施工现场土质较软，盐碱渍环境复杂。若你是项目的规划人员，地基应该如何选择，为什么？

项目 3 模板工程

项目分项介绍

某项目工程的模板工程以木模板、组合钢模板为主要模板类型。模板及支架应具有足够的承载能力、刚度和稳定性，满足相应的装配规程和质量验收规范。

目标要求

1. 了解模板工程在混凝土工程中的重要地位。
2. 熟悉木模板和钢模板的施工条件和方法。
3. 掌握组合钢模板在工程中的应用。

3.1 模板工程概述

模板由模板及支撑系统（Bracing System）两部分组成，可使新拌混凝土在浇筑过程中保持设计要求的位置尺寸和几何形状，使之硬化成为钢筋混凝土结构或构件的模型。

模板及支架应具有足够的承载能力、刚度和稳定性，能可靠地承受浇筑混凝土的重量、侧压力及施工荷载；要保证工程结构和构件各部分形状尺寸和相互位置的正确；应构造简单，装拆方便，并便于钢筋的绑扎和安装，符合混凝土的浇筑及养护等工艺要求；模板的拼（接）缝应严密，不得漏浆；清水混凝土工程及装饰混凝土工程所使用的模板，应满足设计效果要求。

3.1.1 模板的分类

模板在工程中越来越多地得到应用，其分类按照材料不同可分为木模板、竹模板、钢模板、塑料模板、玻璃模板、铝合金模板、胶合板模板等；按照使用部位不同可分为基础模板、柱模板、梁模板、楼板模板、楼梯模板、墙模板、壳模板等；按照施工方法的不同可分为现场装拆式模板、固定式模板、移动式模板（滑开模板、爬升模板和提升模板）等。

3.1.2 模板的安装

首先安装底模，在相对的两个柱模缺口下部外侧，钉一根支座木（支座木上口的高度为梁底标高减去底模厚度），将梁的底模放在支座木上。

然后竖立琵琶撑，安装梁的侧模，在柱模缺口两侧钉上搭头，在琵琶撑上钉夹板（有时须钉斜撑）以固定侧板。安装琵琶撑时应先放好垫板，以保证底部有足够的支撑面积。

在多层建筑中，应注意使上下层的支柱尽可能在同一条竖向中心线上，或采取措施保证上层支柱的荷载能传递到下层的支架结构上。支柱之间应注意用水平及斜向拉条钉牢。

对跨度不小于 4 m 的梁、板应使梁底模板中部略微起拱，防止灌入混凝土后跨中梁底下垂。如设计无规定，起拱高度宜为梁、板跨度的 1‰～3‰。

3.1.3 模板的拆除

优先拆除非承重的侧模、芯模和内模，后拆除承重模板。根据要达到的设计等级的要求进行模板的拆除工作。另外，先拆除侧模板，再拆除底模板，对于大型结构的模板，在拆除时必须事先制定合理的施工方案，比如，滑移模板的拆除工作。

3.2 木 模 板

混凝土工程开始时，都是使用木材作为模板。木材被加工成木板、木方，然后经过组合成构件所需的模板样式。

近年来，出现了用多层胶合板作为模板料进行施工的方法。对这种胶合板做的模板，国家专门制定了《混凝土模板用胶合板》的专业标准，它对模板的尺寸、材质、加工提出了规定。用胶合板制作模板，加工成形比较省力，材质坚韧，不透水，自重轻，浇筑出的混凝土外观比较清晰美观。见图 3.1～图 3.3。

图 3.1　木模板现场装卸

图 3.2　木模板的安装

图 3.3　木模板的搭设

3.3　组合钢模板

国内使用的钢模板大致可分为两类：一类为小块模板，它是以一定尺寸做成不同大小的单块钢模，最大尺寸是 300mm×1500mm×50mm，在施工时拼装成构件所需的尺寸，这种模板也称为小块组合钢模，组合拼装时采用 U 形卡将板缝卡紧形成一体。另一类是大模板，它用于墙体的支模，多用在剪力墙结构中，模板的大小按设计的墙身大小而定型制作。

3.3.1　钢模板的类型

钢模板包括平模板、阴角模板、阳角模板、连接角模。见表 3.1。

平模板用于基础、墙体、梁、板、柱等各种结构的平面部位，它由面板和肋组成，肋上设有 U 形卡孔和插销孔，利用 U 形卡和 L 形插销等拼装成大块板，板块由厚度 2.3 mm、2.5 mm 薄钢板压轧成形，对于 400 mm 以上宽面钢模板的钢板厚度应采用 2.75 mm 或 3.0 mm 钢板。板块的宽度以 100 mm 为基础，按 50 mm 升级；长度以 450 mm 为基础，按 150 mm 升级。

阴角模板用于混凝土构件阴角，如内墙角、水池内角及梁板交接处阴角等。阳角模板主要用于混凝土构件阳角。角模用于平模板作为垂直连接构成阳角。

表 3.1 常见组合钢模板规格

名称	图示	用途	宽度（面积）/mm	长度/mm	肋高/mm
平面模板	1—插销孔；2—U 形卡孔；3—凸鼓；4—凸楞；5—边肋；6—主板；7—无孔横肋；8—有孔纵肋；9—无孔纵肋；10—有孔横肋；11—端肋	用于基础、墙体、梁、柱和板等多种结构的平面部位	600、550、500、450、400、350、300、250、200、150、100		
阴角模板		用于墙体和各种构件的内角及凹角的转角部位	150×150、100×150	1800、1500、1200、900、750、600、450	55
阳角模板		用于柱、梁及墙体等外角及凸角的转角部位	100×100、50×50		
连接角模		用于柱、梁及墙体等外角及凸角的转角部位	50×50		

3.3.2　钢模板的连接配件

组合钢模板连接配件包括 U 形卡、L 形插销、钩头螺栓、对拉螺栓、紧固螺栓、扣件等。U 形卡用于钢模板与钢模板间的拼接，其安装间距一般不大于 300 mm，即每隔一孔卡插一个，安装方向一顺一倒相互错开。

L 形插销用于两个钢模板端肋与端肋连接。将 L 形插销插入钢模板端部横肋的插销孔内。当需要将钢模板拼接成大块模板时，除了用 U 形卡及 L 形插销外，在钢模板外侧要用钢楞（圆形钢管、矩形钢管、内卷边槽钢等）加固，钢楞与钢模板间用钩头螺栓及 "3" 形扣件、蝶形扣件连接。浇筑钢筋混凝土墙体时，墙体两侧模板间用对拉螺栓连接，对拉螺栓截面应保证可安全承受混凝土的侧压力，如图 3.4 和图 3.5 所示。

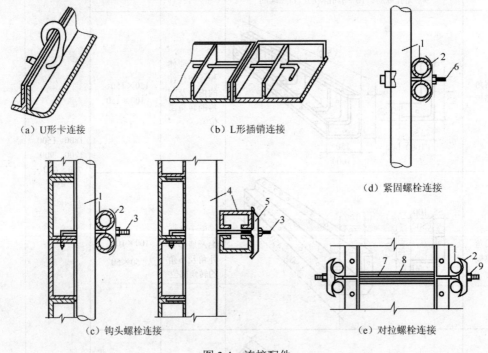

（a）U形卡连接　　　　　　　　（b）L形插销连接

（d）紧固螺栓连接

（c）钩头螺栓连接　　　　　　　　（e）对拉螺栓连接

图 3.4　连接配件

3.3.3　钢模板的支撑件

组合钢模板的支撑件包括柱箍、钢楞、支架、卡具、斜撑和钢桁架等。

1. 钢楞

钢楞即模板的横挡和竖挡，分为内钢楞与外钢楞。内钢楞配置方向一般应与钢模板垂直，其间距一般为 700～900 mm。钢楞一般用圆钢管、矩形钢管、槽钢或内卷边槽钢，以钢管用得较多。

图 3.5　连接配件实物图

2. 柱箍

柱模板四角设钢柱箍。柱箍可用角钢制作，也可用圆钢管制作。圆钢柱箍的钢管用扣件相互连接，角钢柱箍由两根互相焊成直角的角钢组成，用弯角螺栓及螺母拉紧也可用 60×5（mm）扁钢制成扁钢柱箍或做成槽钢柱箍，如图 3.6 所示。

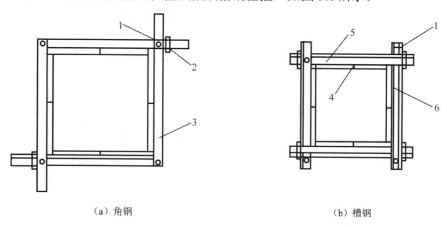

（a）角钢　　　　　　　　　　　　　　（b）槽钢

图 3.6　柱箍图

3. 支架

当荷载较大，单根支架承载力不足时，可用组合钢支架或钢管井架，还可用扣件式钢管脚手架、门形脚手架作为支架，见图 3.7。

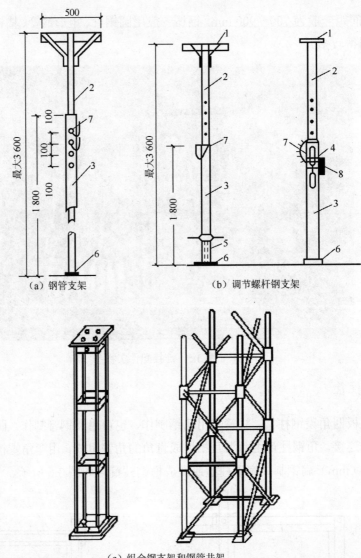

（a）钢管支架　　　　　　　　（b）调节螺杆钢支架

（c）组合钢支架和钢管井架

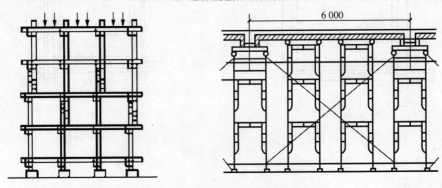

（d）扣件式钢管脚手架、门形脚手架作为支架

图 3.7　钢支架（单位：mm）

4．斜撑

由组合钢模板拼成的整片墙模或柱模，在吊装就位后，应由斜撑调整和固定其垂直位置，见图3.8。

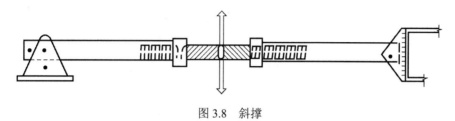

图3.8 斜撑

5．钢桁架

钢桁架如图3.9所示，其两端可支撑在钢筋托具、墙、梁侧模板的横挡以及柱顶梁底横挡上，以支撑梁或板的模板。钢桁架作为梁模板的支撑工具可取代梁模板下的立柱。跨度小、荷载小时桁架可用钢筋焊成，跨度或荷载较大时可用角钢或钢管制成，也可制成两个半榀，再拼装成整体。每根梁下边设一组（两榀）桁架。梁的跨度较大时，可以连续安装桁架，中间加支柱。桁架两端可以支撑在墙、工具式立柱或钢管支架上。桁架支撑在墙上时，可用钢筋托具，托具用8～12根钢筋制成。托具可预先砌入或砌完墙后2～3天内打入墙内。

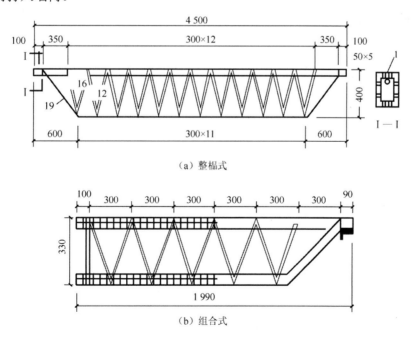

（a）整榀式

（b）组合式

图3.9 钢桁架（单位：mm）

6. 卡具

梁卡具如图 3.10 所示，又称梁托架，用于固定矩形梁、圈梁等模板的侧模板，可节约斜撑等材料，也可用于侧模板上口的卡固定位。卡具可用于把侧模固定在底模板上，此时卡具安装在梁下部；卡具也可用于梁侧模上口的卡固定位，此时卡具安装在梁上方。

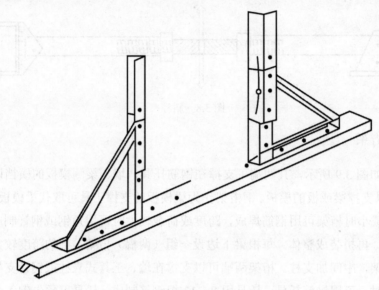

图 3.10 梁卡具（单位：mm）

3.3.4 其他模板

20 世纪 80 年代中期以来，现浇结构模板趋向多样化，发展较为迅速。主要有胶合板模板、塑料模板、压型钢模板、钢木（竹）组合模板、装饰混凝土模板及复合材料模板等。

3.4 质量控制

3.4.1 质量验收

模板安装质量验收包括以下两方面。

1. 主控项目

（1）安装现浇结构的上层模板及支架时，下层模板应具有承受上层荷载的承载能力，否则应加设支架；上、下层支架的立柱应对准，并铺设垫板。

检查数量：全数检查。

检验方法：对照模板设计文件和施工技术方案观察。

（2）在涂刷模板隔离剂时，不得沾污钢筋和混凝土接槎处。

检查数量：全数检查。

检验方法：观察。

2. 一般项目

（1）模板安装应满足下列要求：模板的接缝不应漏浆；在浇筑混凝土前，木模板应浇水湿润，但模板内不应有积水；模板与混凝土的接触面应清理干净并涂刷隔离剂，但不得采用影响结构性能或妨碍装饰工程施工的隔离剂；浇筑混凝土前，模板内的杂物应清理干净；对清水混凝土工程及装饰混凝土工程，应使用能达到设计效果的模板。

（2）作为模板的地坪、胎模等应平整光洁，不得产生影响构件质量的下沉、裂缝、起砂或起鼓。

（3）对跨度不小于 4 m 的现浇钢筋混凝土梁、板，其模板应按设计要求起拱；当设计无具体要求时，起拱高度宜为跨度的 1‰～3‰。

（4）固定在模板上的预埋件、预留孔和预留洞均不得遗漏，且应安装牢固，其偏差应符合规定。

（5）现浇结构模板安装的偏差应符合表 3.2 的规定。

（6）预制构件模板安装的偏差应符合表 3.3 的规定。

检查数量：首次使用及大修后的模板应全数检查，使用中的模板应定期检查，并根据使用情况不定期抽查。

表 3.2　现浇结构模板安装的允许偏差及检验方法

项目		允许偏差（mm）	检验方法
轴线位置		5	钢尺检查
底模上表面标高		±5	水准仪或拉线、钢尺检查
截面内部尺寸	基础	±10	钢尺检查
	柱、墙、梁	+4，−5	
层高垂直度	不大于5m	6	经纬仪或吊线、钢尺检查
	大于5m	8	
相邻两板表面高低差		2	钢尺检查
表面平整度		5	2m靠尺和塞尺检查

表 3.3　预制构件模板安装的允许偏差及检验方法

项目		允许偏差（mm）	检验方法
长度	梁、板	±5	钢尺量两角边，取其中较大值
	薄腹梁、桁架	±10	
	柱	0，−10	
	墙板	0，−5	

续表

项目		允许偏差（mm）	检验方法
宽度	板、墙板	0，−5	钢尺量一端及中部，取其中较大值
	梁、薄腹梁、桁架	+2，−5	
高（厚）度	板	+2，−3	钢尺量一端及中部，取其中较大值
	墙板	0，−5	
	梁、薄腹梁、桁架、柱	+2，−5	
侧向弯曲	梁、板、柱	$L/1000$ 且≤15	拉线、钢尺量最大弯曲处
	墙板、薄腹梁、桁架	$L/1500$ 且≤15	
板的表面平整度		3	2m靠尺和塞尺检查
相邻两板表面高低差		1	钢尺检查
对角线差	板	7	钢尺量两对角线
	墙板	5	
翘曲	板、墙板	$L/1500$	调平尺在两端量测
设计	薄腹梁、桁架、梁	±3	拉线、钢尺量跨中

注：L 为构件长度（mm）。

3.4.2　安全技术

（1）作业前应认真检查模板、支撑等构件是否符合要求，钢模板有无锈蚀或变形，木模板及支撑材质是否合格。

（2）地面上的支模场地必须平整夯实，并同时排除现场的不安全因素。

（3）工作前应先检查使用的工具是否牢固，扳手等工具必须用绳链系挂在身上，钉子必须放在工具袋内，以免掉落伤人。工作时要思想集中，防止钉子扎脚和空中滑落。

（4）安装与拆除 2 m 以上的模板，应搭脚手架，并设防护栏杆，防止上下在同一垂直面操作。支设高度在 3 m 以上的模板，四周应设斜撑，并应设立操作台。如柱模在 6 m 以上，应将几个柱模连成整体。

（5）操作人员登高必须走人行梯道。严禁利用模板支撑攀登上下，不得在梁、柱顶、独立梁及其他高处狭窄而无防护的模板面上行走。

（6）两人抬运模板时要互相配合，协同工作。传递模板、工具应用运输工具或绳子系牢固后升降，不得乱抛。组合钢模板装拆时，上、下应有人接应。钢模板及配件应谁装拆谁运送，严禁从高处掷下，高空拆模时，应有专人指挥及监护，并在下面标出工作区，用红白旗加以围栏，暂停人员通过。

（7）道路中间的斜撑、拉杆等应设在 1.8 m 高度以上。模板安装过程中不得停歇，柱头、搭头、立柱顶撑、拉杆等必须安装牢固成整体后，才允许作业人员离开。

（8）模板上有预留洞者，应在安装后将洞口盖好。

（9）基础模板安装，必须检查基坑土壁边坡的稳定情况，基坑上口边沿 1 m 以内不得堆放模板、材料及杂物。向槽（坑）内运送模板、构件时，严禁抛掷。使用溜槽或起重机械运送时，下方人员必须远离危险区域。

（10）高空复杂结构模板的安装与拆除，事先应有切实的安全措施。

（11）遇 6 级以上的大风时，应暂停室外的高空作业，雪、霜、雨后应先清扫施工现场，略干不滑时或铺草袋再进行工作。

（12）模板必须满足拆模时所需混凝土强度的试压报告，并提出申请，经项目技术领导同意，不得因拆模而影响工程质量。

（13）拆模顺序和方法：应按照后支先拆、先支后拆的顺序，先拆除非承重模板，后拆承重模板及支撑。在拆除小钢模板支撑的顶板模板时，严禁将支柱全部拆除后，一次性拽下拆除。已拆活动的模板，必须一次连续拆除完方可停歇，严禁留下安全隐患。

（14）拆模作业时，必须设警戒区，严禁下方有人进入。拆模作业人员必须站在平稳、牢固、可靠的地方，保持自身平衡，不得猛撬，以防失稳坠落。

（15）严禁用吊车直接吊除没有撬松的模板，吊运大型整体模板时必须拴结牢固，且吊点平衡，起吊、装运大钢模时必须用卡环连接，就位后必须拉接牢固方可卸除吊环。

（16）拆除大型孔洞模板时，下层必须支搭安全网等可靠防坠措施。

（17）拆除模板一般用长撬棒，人不许站在正在拆的模板上。

（18）高空作业要搭设脚手架或操作平台，上、下要使用梯子，不许站在墙上工作，不准在大梁底模上行走。操作人员严禁穿硬底鞋、易滑鞋及有跟鞋作业。

（19）拆模时，作业人员要站立在安全地点进行操作，防止上、下在同一垂直面工作，操作人员要主动避让吊物，增强自我保护和相互保护的安全意识。

（20）拆模时必须一次拆清，不得留下无撑模板。拆下的模板要及时清理，堆放整齐。混凝土板上的预留孔，应在施工组织设计时就做好技术交底（预设钢筋网架），以免操作人员从孔中坠落。

（21）模板、支撑要随拆随运，严禁随意抛掷，拆除后必须分类堆码整齐。不得留有未拆净的悬空模板，要及时清除，防止伤人。

【分项训练】

某房地产企业在公园附近投标中得一块面积约 23000m² 的建筑用地。该企业计划 3 年内把它打造为该市的娱乐中心，其中模板工程在选用时考虑到建筑结构和经济效益方面影响拟采用钢模板为主、木模板为辅的方式施工。试问，钢模板与木模板的优劣性如何？

项目4　脚手架工程与垂直运输机械

📑 项目分项介绍

脚手架是建筑施工中不可缺少的临时设施，它是为解决在建筑物高部位施工而专门搭设的，可作为操作平台、施工作业和运输通道，并能临时堆放施工用材料和机具。

🖥 目标要求

1. 了解脚手架工程重要的发展地位。
2. 熟悉脚手架形式及搭设要求、施工条件和方法。
3. 掌握扣件式脚手架的设计与验算。

4.1　脚手架施工

目前脚手架的发展趋势是采用金属制作并具有多种功用的组合式脚手架，以满足不同情况作业的要求。脚手架可根据与施工对象的位置关系、支撑特点、结构形式及使用材料等划分为多种类型。

4.1.1　按照与建筑物的位置关系分类

1. 外脚手架

外脚手架沿建筑物外围从地面搭起，既可用于外墙砌筑，又可用于外装饰施工。其主要形式有多立杆式、框式、桥式等。多立杆式应用最广，框式次之，桥式应用较少。

2. 里脚手架

里脚手架搭设于建筑物内部，每砌完一层墙后，即将其转移到上一层楼面，进行新的一层墙体砌筑，它可用于内外墙的砌筑和室内装饰施工。里脚手架用料少，但装拆频繁，故要求轻便灵活，装拆方便。其结构有折叠式、支柱式和门架式等多种。

4.1.2 按照支撑部位和支撑方式分类

（1）落地式脚手架。（支座）搭设在地面、楼面、屋面或其他平台结构之上的脚手架。

（2）悬挑式脚手架。采用悬挑方式支固的脚手架。

（3）附墙悬挂脚手架。在上部或中部挂设于墙体挑挂件上的定形脚手架。

（4）悬吊脚手架。悬吊于悬挑梁或工程结构之下的脚手架。

（5）附着升降脚手架。附着于工程结构，依靠自身提升设备实现升降的悬空脚手架。

（6）水平移动脚手架。带行走装置的脚手架或操作平台架。

4.1.3 其他的脚手架分类

（1）按其所用材料分为木脚手架、竹脚手架、金属脚手架等。

（2）按其结构形式分为多立杆式脚手架、门形脚手架、碗扣式脚手架、方塔式脚手架、附着式升降脚手架、悬吊式脚手架等。

（3）按施工功能分为砌筑脚手架、装饰脚手架等。

（4）按设立方式分为单排脚手架、双排脚手架、满堂脚手架、悬空脚手架等。

4.2 外 脚 手 架

4.2.1 单、双排扣件式钢管外脚手架

1. 组成

钢管扣件式多立杆脚手架由钢管（宜采用 48.3mm×3.6mm 焊接钢管或无缝钢管，每根钢管的最大质量不应大于 25.8kg）和扣件组成。分为单排式和双排式两种形式，如图 4.1 和图 4.2 所示。

双排式脚手架沿墙外侧设两排立杆，多、高层房屋均可采用。立杆底端立于底座或垫板上。脚手板可采用钢、木、竹材料，直接承受施工荷载。为保证脚手架的整体稳定性，必须设置支撑系统。

双排脚手架的支撑体系由剪刀撑和横向斜撑组成。单排脚手架的支撑体系由剪刀撑组成。为防止整片脚手架外倾和抵抗风力，对高度不大的脚手架可设置抛撑；高度较大时须均匀设置连墙件，将脚手架与建筑主体结构相连。

图 4.1　脚手架连接件

图 4.2　脚手板

2. 拆除流程

（1）单、双排脚手架的搭设流程

在牢固的地基上弹线、立杆定位→摆放扫地杆→竖立杆并与扫地杆扣紧→安装扫地小横杆并与立杆和扫地杆扣紧→安装第一步大横杆并与各立杆扣紧→安装第一步小横杆→安装第二步大横杆→安装第二步小横杆→加设临时斜撑杆，上端与第二步大横杆扣紧（安装连接件后拆除）→安装第三、四步大横杆和小横杆→安装二层与柱拉杆→接立杆→加设剪刀撑→铺设脚手板，绑扎防护及挡脚板、立挂安全网。

（2）单、双排脚手架的拆除流程

由上而下、后搭者先拆、先搭者后拆，同一部位拆除顺序是：栏杆→脚手板→剪刀撑→大横杆→小横杆→立杆。

4.2.2 满堂扣件式钢管脚手架和支撑架

满堂扣件式钢管脚手架简称满堂脚手架，是在纵、横方向由不少于三排的立杆与水平杆、水平剪刀撑、竖向剪刀撑、扣件等构成的脚手架。满堂脚手架架体顶部作业层施工荷载通过水平杆传递给立杆，顶部立杆呈偏心状态。满堂脚手架主要用于单层厂房、展览大厅、体育馆等层高和开间较大的建筑顶部的施工。

满堂扣件式钢管支撑架简称满堂支撑架，是在纵、横方向由不少于三排的立杆与水平杆、水平剪刀撑、竖向剪刀撑、扣件等构成的承力结构。满堂支撑架架体顶部的钢结构安装等（同类工程）施工荷载通过可调托架传递给立杆，顶部立杆呈轴心受压状态。

满堂脚手架高度不宜超过36m，施工层不得超过一层。与扣件式钢管脚手架的其他形式脚手架一样，每根立杆底部宜设置底座或垫板，必须设置纵、横向扫地杆。立杆头必须采用对接扣件连接。水平杆长度不宜小于3跨。

满堂脚手架应在架体外侧四周及内部纵、横向每隔6～8m由底至顶设置连续竖向剪刀撑。当架体高度在8m及以下时，应在架体底部设置连续水平剪刀撑；当架体搭设高度在8m以上时，应在架体底部、顶部及竖向间隔不超过8m处分别设置连续水平剪刀撑。水平剪刀撑宜在竖向剪刀撑与斜杆相交平面上设置。剪刀撑宽度应为6～8m。

满堂脚手架的高宽比不宜大于3，当高宽比大于2时，应在架体的外侧四周及内部水平间隔6～9m、竖向间隔4～6m处设置连墙件与结构拉结，当无法设置连墙件时，应采取设置钢丝绳张拉固定等措施。当满堂脚手架局部承受集中荷载时，应按实际荷载计算并应局部加固。

满堂支撑架高度不宜超过30m并根据架体类型设置剪刀撑，分为普通型和加强型。

4.2.3　悬挑式脚手架

悬挑式脚手架简称挑架，是将外脚手架搭设在建筑物外边缘向外伸出的悬挑结构上形成的。悬挑脚手架可分为脚手架和悬挑结构两部分，脚手架部分一般采用扣件式钢管脚手架，悬挑部分一般采用附着钢三角式或悬臂钢梁式。

一次悬挑脚手架高度不宜超过 20m。脚手架部分的要求与单、双排扣件式钢管脚手架的要求基本一致。悬挑梁间距应按悬挑架体立杆纵距设置，每一纵距设置一根。悬挑架的外立面剪刀撑应自下而上连续设置。

悬挑脚手架型钢的材质及用于固定型钢悬挑梁的 U 形钢筋拉环或锚固螺栓应符合现行国家标准的规定，型钢悬挑梁宜采用双轴对称截面的型钢，钢梁截面高度不应小于160mm，锚固型钢悬挑梁的 U 形钢筋拉环或锚固螺栓直径不宜小于 16mm，应采用冷弯成形，与钢梁型钢间隙应用钢楔或硬木楔楔紧。

悬挑梁尾端应在两处或两处以上固定于钢筋混凝土梁板结构上。每个型钢悬挑梁外端面宜设置钢丝绳或钢拉杆与上一层建筑结构斜拉结，钢丝绳与建筑结构拉结的吊环应使用直径不小于 20mm 的 HPB235 级钢筋。钢丝绳、拉杆不用进行悬挑钢梁受力计算。

悬挑钢梁固定段长度不小于悬臂长度的 1.25 倍。型钢悬挑梁悬挑端应设置能使脚手架立杆与钢梁可靠固定的定位点，定位点离悬挑梁端部不应小于 100mm。

锚固位置设置在楼板上时，楼板的厚度不宜小于 120mm，若小于 120mm 应采取加固措施。锚固型钢的主体结构混凝土强度等级不得低于 C20。

4.3　里 脚 手 架

脚手架的种类很多，按其所用材料分为木脚手架、竹脚手架和金属脚手架；按用途分为结构脚手架、装修脚手架、承重和支撑用脚手架、防护用脚手架等；按搭设位置分为外脚手架和里脚手架；按支固方式分为落地式脚手架、悬挑脚手架、附墙悬挂脚手架、吊脚手架、附着升降脚手架、水平移动脚手架等；按设置形式分为单排脚手架、双排脚手架、满堂脚手架等。

里脚手架分为以下几种。

（1）折叠式

根据材料不同，折叠式里脚手架分为角钢、钢管和钢筋折叠式里脚手架，适用于民用建筑的内墙砌筑和内粉刷。其架设间距：砌墙时宜为 1.0～2.0m，粉刷时宜为 2.0～2.5m。可以搭设两步脚手架，第一步高约 1m，第二步高约 1.60m。如图 4.3 所示。

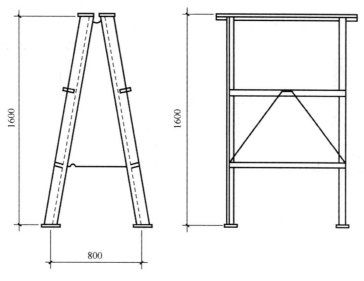

图 4.3 折叠式里脚手架（单位：mm）

（2）支柱式

支柱式里脚手架由若干支柱和横杆组成，上铺脚手板，适用于砌墙和内粉刷。其搭设间距：砌墙时不超过 2.0m，粉刷时不超过 2.5m。支柱式里脚手架的支柱有套管式和承插式两种形式。如图 4.4 所示。

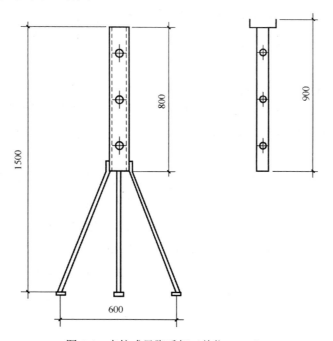

图 4.4 支柱式里脚手架（单位：mm）

（3）门架式

门架式里脚手架由两片 A 形支架与门架组成，适用于砌墙和粉刷。支架间距：砌墙时不超过 2.2m，粉刷时不超过 2.5m，其架设高度为 1.5~2.4m。如图 4.5 所示。

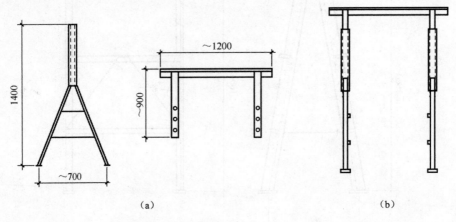

图 4.5　门架式里脚手架（单位：mm）

（4）吊挂式

吊挂式脚手架通过特设的支撑点，利用吊索悬吊吊架或吊篮进行施工，适用于高层框架和剪力墙结构的外墙砌筑和外墙装饰施工。吊挂式脚手架的吊升单元（吊篮架子）宽度宜控制在 5~6m，每一吊升单元的自重宜在 1t 以内。

（5）升降式

升降式脚手架又称为爬架，是沿结构外表面铺设的脚手架，在结构和装修工程施工中应用较为方便，主要包括自升降式、互升降式、整体升降式三种类型。

（6）门式

门式脚手架是目前国际上应用最普遍的脚手架之一，不仅可作为外脚手架，也可作为里脚手架和满堂脚手架。门式脚手架由门式框架、剪刀撑和水平梁架或脚手板构成基本单元，将基本单元连接起来即构成整片脚手架。

（7）碗扣式

碗扣式钢管脚手架由钢管立杆、横杆、碗扣接头等组成。其基本构造和搭设要求与扣件式钢管脚手架类似，不同之处主要在于碗扣接头。碗扣接头是该脚手架系统的核心部件，它由上碗扣、下碗扣、横杆接头和上碗扣的限位销等组成。上碗扣、下碗扣和限位销按 60cm 间距设置在钢管立杆之上，其中下碗扣和限位销直接焊在立杆上。组装时，将上碗扣的缺口对准限位销后，把横杆接头插入下碗扣内，压紧和旋转上碗扣，利用限位销固定上碗扣。碗扣接头可同时连接 4 根横杆，可以互相垂直或偏转一定角度。

4.4　垂直运输设施

垂直运输设施是指担负垂直输送材料和施工人员上下的机械设备和设施。建筑施工机械费用约占土建总造价的 5%～10%。常见的垂直运输设施包括：井架、龙门架、塔式起重机、施工电梯等。

1．井架

井架以卷扬机为动力，以底架、立柱及天梁为架体，以钢丝绳传动，以吊笼（吊篮）为工作装置，在架体上装设滑轮、导轨、导靴、吊笼、安全装置等和卷扬机配套构成完整的垂直运输体系。

在垂直运输过程中，井架的特点是稳定性好、运输量大，可以搭设较大的高度，是施工中最常用、最简便的垂直运输设施。

2．龙门架

龙门架是以地面卷扬机为动力，由两立柱及天轮梁（横梁）构成门式架体的提升机，吊篮（吊笼）在两立柱中间沿轨道进行垂直运动和水平运动。

其特点是立柱由若干个格构柱用螺栓拼装而成，而格构柱用角钢及钢管焊接而成或直接用厚壁钢管构成门架。龙门架设有滑轮、导轨、吊盘、安全装置及起重索、缆风绳等部件。

3．施工电梯

施工电梯又称外用施工电梯，是一种安装于建筑物外部，供运输施工人员和建筑器材用的垂直提升机械。

施工电梯是高层建筑施工中不可或缺的关键设备之一。采用施工电梯运送施工人员上下楼层可节约工时，减轻工人体力消耗，提高劳动生产率，特别适用于高大建筑，也可用于多层厂房和一般楼房施工中的垂直运输。

吊笼装在井架外侧，沿齿条式轨道升降，附着在外墙或其他建筑物结构上，可载重货物 1.0～1.2t，可容纳 12～15 人。其高度随着建筑物主体结构施工而接高，可达 100m。

4．塔式起重机

又称塔吊，具有直立的塔身，起重臂安装在塔身的顶部形成倒 L 形的工作空间，具有较高的起重高度和较大的起重半径，工作面广。起重臂能回转 360°，因此在建筑结构吊装过程中，特别是在高层建筑施工中得到广泛的应用。

其特点是塔身高度大、臂架长、覆盖范围广、作业面大，特别适合吊运超长、超宽的大型构件。能同时进行起升、回转及行走，完成垂直运输和水平运输作业。有多种工作速度，生产效率高。具有较为齐全的安全装置，运行安全可靠。

塔式起重机可分为以下几种。

（1）按行走机构不同可分为行走式、自升式。行走式塔式起重机能靠近工作点，转移方便，机动性强，常用的有轨道行走式、轮胎行走式和履带行走式三种。自升式塔式起重机没有行走机构，安装在靠近修建筑物的专用基础上，可随施工的建筑物升高而自行提升。

（2）按起重臂变幅方法不同可分为起重臂变幅式、起重小车变幅式。起重臂变幅式起重机起重臂与塔身铰接，变幅时可调整起重臂的仰角，变幅机构有电动和手动两种。起重小车变幅式起重机起重臂是不变（或可变）的横梁，下弦装有起重小车，这种起重机变幅简单，操作方便，并能带荷变幅。

（3）按回转方式不同可分为塔顶回转式、塔身回转式。塔顶回转式起重机结构简单、安装方便，但起重机重心偏高，塔身下部要加配重，操作室位置低，不利于高层建筑施工。塔身回转式起重机塔身与起重臂同时旋转，回转机构在塔身下部，便于维修，操作室位置较高，便于施工观测，但回转机构较为复杂。

（4）按架设形式不同可分为固定式、附着式、轨道式、爬升式4种。

① 轨道式起重机是可在轨道上行驶的自行塔式起重机，其中有的只能在直线轨道上行驶；有的可沿 L 形或 U 形轨道行驶，多适合于在多层结构的吊装及材料装卸中使用，并且可以带负荷行驶。

② 附着式起重机是固定在建筑物近旁混凝土基础上的起重机，它借助液压顶升系统随建筑物的施工进程而自行向上接高。为了保证塔身的稳定，每隔一定距离，将塔身与建筑物锚固装置水平连接，使起重机依附在建筑物上。

③ 爬升式起重机是一种安装在建筑物内部的结构上，借助套架托梁和爬升系统自己爬升的起重机。机身体形小，重量轻，安装简单，不占用建筑的外围空间。适用于框架结构的高层建筑，尤其是施工现场狭窄的高层点式建筑。

④ 固定式起重机指的是固定在基础上或支立在基座上，只能原地工作的起重机。

【分项训练】

简述单、双排脚手架的搭设与拆除步骤。简述在拆除过程中应该注意的事项。

项目5 钢筋工程

项目分项介绍

在某建设项目中，主要应用的受力筋为热轧HPB300级钢筋和热轧HRB400级钢筋，皆为人字纹带肋筋。钢筋进场后，按规定堆放于钢筋加工区。在钢筋加工区内，工人根据图纸要求，对钢筋进行调直、弯曲、切断等处理，钢筋的绑扎和焊接在施工场地内进行。

目标要求

1. 了解钢筋的种类。
2. 掌握钢筋入场存放要求。
3. 掌握钢筋的加工工艺，如钢筋调直、弯曲、切断等施工过程。
4. 掌握钢筋连接施工工艺。

钢筋工程的施工流程如图5.1所示。

5.1 钢筋的分类

混凝土结构和预应力混凝土结构应用的钢筋有普通钢筋、预应力钢绞线、钢丝和热处理钢筋。本工程为普通混凝土结构，主要应用的受力筋为热轧HPB300级钢筋和热轧HRB400级钢筋。工程中常见的热轧钢筋性能见表5.1。

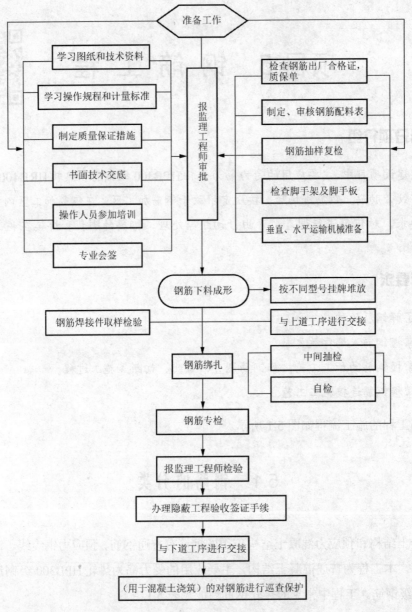

图 5.1　钢筋工程的施工流程

表 5.1　热轧钢筋性能表

钢筋牌号	公称直径/mm	屈服点/MPa	抗拉强度/MPa	断裂伸长率/%	冷弯弯曲角度
HPB235	6～12	235	370	25	
HPB300	14～22	330	420	25	
HRB335	6～25	335	490	17	180°
	28～40				
	>40～50				

续表

钢筋牌号	公称直径/mm	屈服点/MPa	抗拉强度/MPa	断裂伸长率/%	冷弯弯曲角度
HRB400	6～25	400	540	16	
	28～40				
	>40～50				
HRB500	6～25	500	630	15	
	28～40				
	>40～50				

钢筋按轧制外形分类如下。

1. 光圆钢筋

Ⅰ级钢筋（Q235钢筋）均轧制为光面圆形截面。供应形式为圆盘，直径不大于10mm，如图5.2所示。光圆钢筋具体技术指标参看《钢筋混凝土用钢》（GB1499.1—2008）第1部分"热轧光圆钢筋"。

图5.2　圆盘光圆钢筋

2. 带肋钢筋

俗称螺纹钢，有螺旋纹和人字纹等螺纹，本项目中采用的是人字纹钢筋，见图5.3。热轧带肋钢筋具体技术指标可参见《钢筋混凝土用钢》（GB1499.2—2007）第2部分"热轧带肋钢筋"。

图 5.3　人字纹钢筋

现场钢筋的识别见图 5.4。

图 5.4　钢筋标识

其中，4——钢筋标号为 HRB400，为Ⅲ级钢筋，PG——厂家代号，32——钢筋直径。

本项目中，对于钢筋质量的规定可在结构设计总说明中查阅，具体如下。

材料

所有结构用材均应有质量保证书和合格证明，且符合设计要求。

（1）钢筋：Φ为热轧 HPB300 级钢筋，强度设计值 f_y＝270MPa；Φ为热轧 HRB335

级钢筋，强度设计值 f_y＝300MPa；Φ为热轧 HRB400 级钢筋，强度设计值 f_y＝360MPa。

（2）普通钢筋优先采用延性、韧性和可焊性较好的钢筋。钢筋的强度标准值应有不少于 95%的保证率。

（3）抗振等级为一、二、三级的框架结构和斜撑构件（含梯段），其纵向受力钢筋采用普通钢筋时，钢筋的抗拉强度实测值与屈服强度实测值的比值不应小于 1.25；钢筋的屈服强度实测值与强度标准值的比值不应大于 1.3；钢筋在最大拉力下的总伸长率实测值不应小于 9%。

（4）钢及钢板均为 Q235B.F 级钢。

5.2 钢筋的存放

当钢筋运进施工现场后，必须严格按批次等级、牌号、直径、长度挂牌分别存放，并标明数量，不得混淆。钢筋应尽量堆入仓库或料棚内。条件不具备时，应选择地势较高、土质坚实，较为平坦的露天场地存放。在仓库或场地周围挖排水沟，以利泄水。堆放时钢筋下面要加垫木，离地不宜小于 200mm，以防止钢筋锈蚀和污染。钢筋成品要分工程名称和构件名称，按号码顺序存放。同一项工程与同一构件的钢筋要存放在一起，按号牌排列，牌上注明构件名称、部位、钢筋类型、尺寸、钢号、直径、根数，不能将几项工程的钢筋混放在一起。同时不要和产生有害气体的车间靠近，以免污染和腐蚀钢筋，见图 5.5。

图 5.5 钢筋的堆放

5.3 钢筋的加工

1. 钢筋的调直

钢筋的调直一般采用钢筋调直机、数控钢筋调直切断机或卷扬机拉直设备进行。本项目中，钢筋的调直主要采用钢筋调直机进行，见图 5.6。钢筋调直机用于将成盘状的钢筋调直和切断。原理是被调直的钢筋在送料辊和牵引辊的带动下在旋转的调直筒中调直。值得注意的是，在钢筋的调直、切断、除锈、弯曲等加工过程中，钢筋的弯曲应注意钢筋的最小弯心直径。

冷拔钢丝和冷轧带肋钢筋经过调直后，其抗拉强度一般要降低 10%～15%。

图 5.6 钢筋调直机

2. 钢筋的切断

钢筋下料时必须按下料长度进行切断。钢筋切断常用的工具有钢筋切断机和手动切断器。切断时根据下料长度统一排料，先断长料，后断短料，减少短头，减少损耗。

钢筋切断机可切断直径为 12～40mm 的钢筋，见图 5.7。手动切断器一般只用于切断直径小于 12mm 的钢筋。若钢筋直径大于 40mm，须用氧乙炔焰切割或电弧切割，也可用砂轮切割机切割。

图 5.7　钢筋切断机

3. 钢筋的弯曲

钢筋切断后，要根据图纸要求弯曲成一定的形状。操作中要根据弯曲设备的特点及工地习惯进行画线，以便弯曲成所规定的尺寸。当弯曲形状比较复杂时，可先放出实样，再进行弯曲。钢筋弯曲宜采用钢筋弯曲机，见图 5.8，弯曲机可弯直径 6～40mm 的钢筋。直径小于 25mm 的钢筋，无弯曲机时也可采用板钩弯曲。目前钢筋弯曲机主要用于弯曲粗钢筋。图 5.9 为本项目中弯曲钢筋要求。

图 5.8　钢筋弯曲机

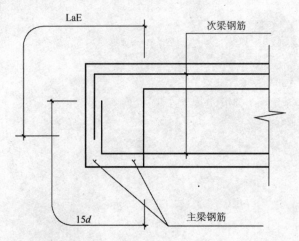

图 5.9　本项目钢筋细部图（d 为纵向受力钢筋的较大直径）

5.4　钢筋的连接

钢筋接头的连接方法有绑扎连接、焊接连接和机械连接。本项目中，主要采用绑扎连接和焊接连接（电渣压力焊）。下面重点介绍这两种连接方式。

1. 绑扎连接

钢筋搭接处应在中心及两端用 20～22 号的镀锌铁丝扎牢，如图 5.10 所示。钢筋的绑扎连接其实只是作为一个临时的连接，并没有真正意义上将两根钢筋连接起来，须等构件中的混凝土浇筑固结后，两根钢筋在混凝土的胶结作用下才实现真正意义上的连接。

图 5.10　钢筋的绑扎连接

因此，钢筋的搭接连接须有一定的搭接长度，搭接长度及接头位置等应符合《混凝土结构工程施工质量规范》（GB 50204—2015）的规定。在把钢筋绑扎成钢筋笼时，要注意管线的布置。

由于搭接接头仅靠黏结力传递钢筋内力，可靠性较差，以下情况不得采用绑扎接头。

（1）轴心受拉及小偏心受拉杆件（如桁架和拱的拉杆）。

（2）受拉钢筋直径大于28mm及受压钢筋直径大于32mm。

（3）需要进行疲劳验算的构件中的受拉钢筋。

在钢筋绑扎成钢筋笼时，要注意保证混凝土保护层厚度。工程中常用垫块等隔开模板和钢筋，如图5.11所示。在绑扎钢筋时，要根据施工图纸要求对加密区进行箍筋加密。

图 5.11　保护层垫块

2. 焊接连接（电渣压力焊）

电渣压力焊是利用电流通过电渣池产生的电阻热将钢筋端部熔化，然后施加压力使钢筋焊合，见图5.12。此方法主要用于现浇结构中直径差在9mm内，直径为14～40mm的竖向或斜向钢筋的接长。这种焊接方法操作简单、工作条件好、工效高、成本低，比电弧焊接节电80%以上，比绑扎连接和帮条搭接节约钢筋30%，提高工效6～10倍。

图 5.12　电渣压力焊

电渣压力焊设备包括焊接电源、焊接夹具和焊剂盒等。在钢筋电渣压力焊焊接过程中，如发现裂纹、未熔合、烧伤等焊接缺陷应查找原因，采取措施，及时消除。

钢筋的焊接连接还有电阻点焊、闪光对焊、电弧焊等多种方法。表 5.2 列出了常用钢筋焊接方法及适用范围。

表 5.2 常用钢筋焊接方法及适用范围

焊接方法		适用范围	
		钢筋级别	钢筋直径（mm）
电阻点焊		HRB335 冷轧带肋钢筋 冷拔光圆钢筋	4-14
闪光对焊		HRB335 HRB400 RRB400	10-40
电弧焊	帮条双面焊	HRB335 HRB400 RRB400	10-40
	帮条单面焊	HRB335 HRB400 RRB400	10-40
	搭接双面焊	HRB335 HRB400 RRB400	10-40
	搭接单面焊	HRB335 HRB400 RRB400	10-40
	预埋件角焊	HRB335	6-25
	预埋件穿孔塞焊	HRB335	6-25
电渣压力焊		HRB335	6-25

3. 机械连接

钢筋的机械连接是指通过连接件的机械咬合作用或钢筋端面的承压作用，将一根钢筋中的力传递至另一根钢筋的连接方法。它具有以下优点：接头质量稳定可靠，操作简便，施工速度快，不受气候条件影响，无污染，无火灾隐患，施工安全等。因此，机械连接被广泛用于各种粗钢筋连接中。

在本项目中，在结构设计总说明中规定了本结构的钢筋连接方式，如下所述。

钢筋的连接：

钢筋的连接分绑扎搭接、机械连接或焊接等形式。机械连接接头的类型及质量控制要求见《钢筋机械连接通用技术规程》JGJ 107，焊接接头的类型及质量控制要求见《钢筋焊接规程》JGJ 18，绑扎搭接的接头连接区段长度为 1.3 倍的搭接长度，凡搭接接头中点位于该连接区段长度内的搭接接头，或水平中心距不大于 1.3 倍搭接长度的搭接接头，或相邻接头两近端的水平距离不大于 0.3 倍搭接长度的搭接接头，均属于同一连接区段，机械连接接头的连接区段长度为 35d（d 为纵向受力钢筋的较大直径），凡接头中点位于该连接区段长度内的机械连接接头，均属于同一连接区段；焊接接头的连接区段长度为 35d（d 为纵向受力钢筋的较大直径）且不小于 500mm，凡接头中点位于该连接区段长度内的焊接接头，均属于同一连接区段；纵向受力钢筋采用机械连接或焊接接头时，在同一连接区段内的接头面积百分率不大于 50%；钢筋直径 d_1>25mm 时，采用机械连接或焊接，在同一根钢筋上应尽量少设接头。

柱纵筋采用绑扎搭接时，搭接长度范围内的箍筋间距不大于搭接钢筋较小直径的 5 倍且不大于 100mm，采用机械连接时，要满足 I 级接头的质量要求，采用焊接时，要等强对接焊；框架柱纵筋接头位置要避开柱端箍筋加密区，当无法避开时，应采用机械连接接头；框架柱每根纵筋在同一层内不得有一个以上的接头。

梁纵筋采用绑扎搭接时，搭接长度范围内的箍筋间距不大于搭接钢筋较小直径的 5 倍且不大于 100mm，采用机械连接时，要满足 I 级接头的质量要求，采用焊接时，要等强对接焊；框架梁纵筋接头位置要避开梁端箍筋加密区，当无法避开时，要采用机械连接接头；框支梁纵筋不允许采用绑扎搭接接头，且每根纵筋在一跨内不得有一个以上的接头；悬臂梁纵筋不允许有接头；

5.5 钢筋配料与代换

5.5.1 钢筋配料

钢筋配料是根据构件配筋图，先绘出各种形状和规格的单根钢筋简图并加以编号，然后分别计算钢筋下料长度和根数，填写配料单，申请加工。

1. 钢筋下料长度计算

钢筋因弯曲或弯钩会使其长度变化，在配料中不能直接根据图纸中尺寸下料，必须了解对混凝土保护层、钢筋弯曲、弯钩等规定，再根据图中尺寸计算其下料长度。各种钢筋下料长度计算如下。

● 直钢筋下料长度＝构件长度－保护层厚度＋弯钩增加长度

● 弯曲钢筋下料长度＝直段长度＋斜段长度－弯曲调整值＋弯钩增加长度

● 箍筋下料长度＝箍筋周长＋箍筋调整值

上述钢筋需要搭接的话，还应增加钢筋搭接长度。

（1）弯曲调整值

钢筋弯曲后的特点，一是在弯曲处内皮收缩、外皮延伸、轴线长度不变；二是在弯曲处形成圆弧。钢筋的量度方法是沿直线量外包尺寸，如图 5.13 所示。弯曲钢筋的量度尺寸要大于下料尺寸，两者之间的差值称为弯曲调整值。弯曲调整值应根据理论推算并结合实践经验确定，见表 5.3。注：d 为钢筋直径，下同。

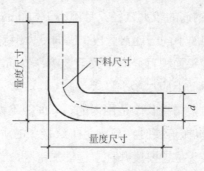

图 5.13　钢筋弯曲时的量度方法

表 5.3　钢筋弯曲调整值

钢筋弯曲角度	30°	45°	60°	90°	135°
钢筋弯曲调整值	0.35d	0.5d	0.85d	2d	2.5d

（2）弯钩增加长度

钢筋的弯钩形式有三种，半圆弯钩、直弯钩及斜弯钩，如图 5.14 所示。半圆弯钩是最常用的一种弯钩，直弯钩只用在柱钢筋的下部、箍筋和附加钢筋中，斜弯钩只用在直径较小的钢筋中。

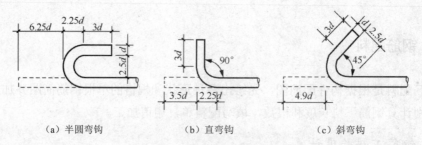

（a）半圆弯钩　　　　　（b）直弯钩　　　　　（c）斜弯钩

图 5.14　钢筋弯钩计算简图

光圆钢筋的弯钩增加长度按如图 5.14 所示的简图（弯心直径为 2.5d、平直部分为 3d）计算：对半圆弯钩为 6.25d，对直弯钩为 3.5d，对斜弯钩为 4.9d。

在生产实践中，由于实际弯心直径与理论弯心直径有时不一致，钢筋粗细和机具条件不同等而影响平直部分的长短（手工弯钩时平直部分可适当加长，机械弯钩时可适当缩短），因此在实际配料计算时，对弯钩增加长度常根据具体条件，采用经验数据，如表 5.4 所示。

表 5.4　半圆弯钩增加长度参考表（用于机械弯钩）

钢筋直径（mm）	≤6	8～10	12～18	20～28	32～36
一个弯钩长度（mm）	40	6d	5.5d	5d	4.5d

（3）弯曲钢筋斜长

弯曲钢筋斜长计算简图如图 5.15 所示，弯曲钢筋斜长系数如表 5.5 所示。

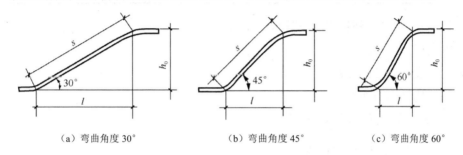

（a）弯曲角度 30°　　　　（b）弯曲角度 45°　　　　（c）弯曲角度 60°

图 5.15　弯曲钢筋斜长计算简图

表 5.5　弯曲钢筋斜长系数

弯曲角度	$\alpha=30°$	$\alpha=45°$	$\alpha=60°$
斜边长度 s	$2h_0$	$1.41h_0$	$1.15h_0$
底边长度 l	$1.732h_0$	h_0	$0.575h_0$
增加长度 $s-l$	$0.268h_0$	$0.41h_0$	$0.575h_0$

注：h_0 为弯起高度。

（4）箍筋调整值

箍筋调整值即为弯钩增加长度和弯曲调整值两项之差或之和，根据箍筋量外包尺寸或内皮尺寸确定，如图 5.16 与表 5.6 所示。

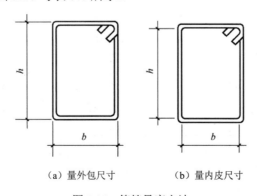

（a）量外包尺寸　　　　（b）量内皮尺寸

图 5.16　箍筋量度方法

表 5.6 箍筋调整值表

箍筋形式	使用结构	箍筋弯钩不直段长度 L_p	箍筋直径（mm）										
			HPB235 级				HRB335 级			CRB550 级			
			6	8	10	12	8	10	12	5	6	7	8
90º/90º	一般结构	$L_p \geq 5d$	5d				6d			5.28d			
			30	40	50	60	50	60	70	30	30	40	40
135º/135º	抗振结构	$L_p \geq 10d$	18d				20d			18.4d			
			110	140	180	220	160	200	240	90	110	130	150

箍筋周长＝2×（外包宽度＋外包长度）；

外包宽度＝$b-2c+2d$；

外包长度＝$h-2c+2d$；

$b×h$＝构件横截面宽×高；

式中 c——纵向钢筋的保护层厚度；d——箍筋直径。

2. 配料计算的注意事项

（1）在设计图纸中，钢筋配置的细节问题没有注明时，一般可按构造要求处理。

（2）配料计算时，要考虑钢筋的形状和尺寸，在满足设计要求的前提下要有利于加工安装。

（3）配料时，还要考虑施工需要的附加钢筋。例如，后张预应力构件预留孔道定位用的钢筋井字架、基础双层钢筋网中保证上层钢筋网位置用的钢筋撑脚、墙板双层钢筋网中固定钢筋间距用的钢筋撑铁、柱钢筋骨架增加四面斜筋撑等。

3. 配料计算实例

已知某教学楼钢筋混凝土框架梁 KL 的截面尺寸与配筋如图 5.17 所示，共计 5 根，混凝土强度等级为 C25，求各种钢筋下料长度。

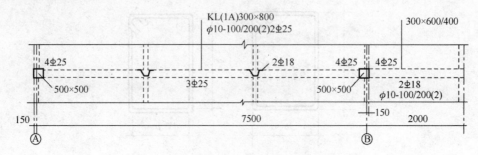

图 5.17 钢筋混凝土框架梁 KL 平法施工图

1. 绘制钢筋翻样图

根据有关规定，得出

（1）纵向受力钢筋端头的混凝土保护层为25mm；

（2）框架梁纵向受力钢筋Φ25的锚固长度为（35×25）＝875mm，伸入柱内的长度可达（500－25）＝475mm，需要向上（下）弯400mm；

（3）悬臂梁负弯矩钢筋应有两根伸至梁端包住边梁后斜向上伸至梁顶部；

（4）吊筋底部宽度为（次梁宽＋2×50）mm，按45°向上弯至梁顶部，再水平延伸（20d＝20×18）＝360mm。

对照 KL 框架梁尺寸与上述构造要求，绘制单根钢筋翻样图（见图5.18），并将各种钢筋编号。

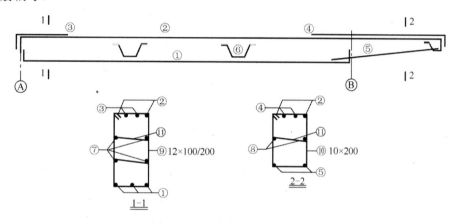

图5.18 KL框架梁钢筋翻样图

2. 计算钢筋下料长度

计算钢筋下料长度时，应根据单根钢筋翻样图尺寸计算，并考虑各项调整值。

①号受力钢筋下料长度为

$$（7800－2×25）＋2×400－2×2×25＝8450mm$$

②号受力钢筋下料长度为

$$（9650－2×25）＋400＋350＋200＋500－3×2×25－0.5×25＝10888mm$$

⑥号吊筋下料长度为

$$350＋2×（1060＋360）－4×0.5×25＝3140mm$$

⑨号箍筋下料长度为

$$2×（770＋270）＋70＝2150mm$$

⑩号箍筋下料长度，由于梁高变化，因此要算出箍筋高差 $\varDelta$

箍筋根数

$$n＝（1850－100）/200＋1＝10 根$$

箍筋高差

$$\Delta=（570-370）/（10-1）=22mm$$

每个箍筋下料长度计算结果列于表 5.7。

表 5.7　钢筋配料单

构件名称：KL 梁，5 根

钢筋编号	简图	钢号	直径（mm）	下料长度（mm）	单位根数	合计根数	重量（kg）
①	400 ⌐ 7750 ¬	Φ	25	8450	3	15	488
②	400 ⌐ 9600 ￢ 500 / 350 200	Φ	25	10887	2	10	419
③	400 ⌐ 2742	Φ	25	3092	2	10	119
④	4617 350	Φ	25	4917	2	10	189
⑤	2300	Φ	18	2300	2	10	46
⑥	360 ＼1060 1060／ 360 350	Φ	18	3140	4	20	126
⑦	7200	Φ	14	7200	4	20	174
⑧	2050	Φ	14	2050	2	10	25
⑨	770 × 270	φ	10	2150	46	230	305
⑩₁	570 × 270	φ	10	1750	1	5	
⑩₂	548×270	φ	10	1706	1	5	
⑩₃	526×270	φ	10	1662	1	5	
⑩₄	504×270	φ	10	1626	1	5	
⑩₅	482×270	φ	10	1574	1	5	48
⑩₆	460×270	φ	10	1530	1	5	
⑩₇	437×270	φ	10	1484	1	5	
⑩₈	415×270	φ	10	1440	1	5	
⑩₉	393×270	φ	10	1396	1	5	
⑩₁₀	370×270	φ	10	1350	1	5	
⑪	266	φ	8	334	28	140	18
							总重 1957kg

5.5.2 钢筋代换

当钢筋的品种、级别或规格须变更时，应办理设计变更文件。

1. 代换原则

当施工中遇有钢筋的品种或规格与设计要求不符时，可参照以下原则进行钢筋代换。

（1）等强度代换：当构件受强度控制时，钢筋可按强度相等原则进行代换。

（2）等面积代换：当构件按最小配筋率配筋时，钢筋可按面积相等原则进行代换。

（3）当构件受裂缝宽度或挠度控制时，代换后应进行裂缝宽度或挠度验算。

2. 等强代换方法

·计算法

$$n_2 \geqslant \frac{n_1 d_1^2 f_{y1}}{d_2^2 f_{y2}}$$

式中　n_2——代换钢筋根数；

$\quad\quad n_1$——原设计钢筋根数；

$\quad\quad d_2$——代换钢筋直径；

$\quad\quad d_1$——原设计钢筋直径；

$\quad\quad f_{y2}$——代换钢筋抗拉强度设计值（表 5.8）；

$\quad\quad f_{y1}$——原设计钢筋抗拉强度设计值。

表 5.8　钢筋强度设计值（N/mm²）

项次	钢筋种类	符号	抗拉强度设计值 f_y	抗压强度设计值 f_y'
1	热轧钢筋	HPB235 　Φ	210	210
		HRB335 　Φ	300	300
		HRB400 　Φ	360	360
		RRB400 　ΦR	360	360
2	冷轧带肋钢筋	LL550	360	360
		LL650	430	380
		LL800	530	380

上式有两种特例：

① 设计强度相同、直径不同的钢筋代换

$$n_2 \geqslant n_1 \frac{d_1^2}{d_2^2}$$

② 直径相同、强度设计值不同的钢筋代换

$$n_2 \geqslant n_1 \frac{f_{y1}}{f_{y2}}$$

3. 构件截面的有效高度影响

钢筋代换后，有时由于受力钢筋直径加大或根数增多而需要增加排数，此时构件截面的有效高度 h_0 减小，截面强度降低。对这种影响通常可凭经验适当增加钢筋面积，然后再进行截面强度复核。

对矩形截面的受弯构件，可根据弯矩相等，按下式复核截面强度

$$N_2(h_{02} - \frac{N_2}{2f_c b}) \geqslant N_1(h_{01} - \frac{N_1}{2f_c b})$$

式中　N_1——原设计的钢筋拉力，等于 $A_{s1}f_{y1}$（A_{s1} 为原设计钢筋的截面面积，f_{y1} 为原设计钢筋的抗拉强度设计值）；

　　　N_2——代换钢筋拉力，同上；

　　　h_{01}——原设计钢筋的合力点至构件截面受压边缘的距离；

　　　h_{02}——代换钢筋的合力点至构件截面受压边缘的距离；

　　　f_c——混凝土的抗压强度设计值（C20 混凝土为 9.6N/mm^2，C25 混凝土为 11.9N/mm^2，C30 混凝土为 14.3N/mm^2）；

　　　b——构件截面宽度。

4. 代换注意事项

钢筋代换时，必须充分了解设计意图和代换材料性能，并严格遵守现行混凝土结构设计规范的各项规定；凡重要结构中的钢筋代换，应征得设计单位同意。

（1）对某些重要构件，如吊车梁、薄腹梁、桁架下弦等，不宜用 HPB235 级光圆钢筋代替 HRB335 和 HRB400 级带肋钢筋。

（2）钢筋代换后，应满足配筋构造规定，如钢筋的最小直径、间距、根数、锚固长度等。

（3）同一截面内，可同时配有不同种类和直径的代换钢筋，但每根钢筋的拉力差不应过大（如同品种钢筋的直径差值一般不大于 5mm），以免构件受力不匀。

（4）梁的纵向受力钢筋与弯曲钢筋应分别代换，以保证正截面与斜截面强度。

（5）偏心受压构件（如框架柱、有吊车厂房柱、桁架上弦等）或偏心受拉构件进行钢筋代换时，不取整个截面配筋量计算，应按受力面（受压或受拉）分别代换。

（6）当构件受裂缝宽度控制时，如以小直径钢筋代换大直径钢筋，强度等级低的钢筋代替强度等级高的钢筋，则可不进行裂缝宽度验算。

【分项训练】

1. 钢筋从外形上分有哪些类型？

2. HPB300 级钢筋和 HRB400 级钢筋其标号分别代表什么含义？

3. 钢筋存放的注意事项是什么？

4. 冷加工对钢筋性能的影响是什么？

5. 钢筋的连接方式有哪些？

6. 简述电渣压力焊的优缺点。

7. 什么情况下不应使用绑扎连接？

8. 何谓机械连接？机械连接的优点有哪些？

项目6   混凝土工程

📖 项目分项介绍

在某食堂工程项目中，所用混凝土全部为商品混凝土，混凝土基础垫层用 C15 混凝土，主体结构用 C30 混凝土，用混凝土罐车运到现场后，采用泵车进行浇筑。在浇筑过程中，边浇筑边用振捣棒振捣，施工现场混凝土的养护主要采用覆膜养护法。

🖥 目标要求

1. 掌握混凝土配制强度和施工配合比的计算。
2. 熟悉混凝土浇筑的一般要求。
3. 掌握混凝土运输的要求。
4. 熟悉混凝土振捣方式和养护方法。

混凝土工程还包括混凝土制备的过程，各施工过程相互联系和影响，任何环节施工过程处理不当都会影响混凝土工程的最终质量。随着经济的发展和对工程质量要求的进一步提高，现已不允许现场制备和搅拌混凝土，混凝土的制备过程主要集中在混凝土搅拌站。

6.1   混凝土的制备

混凝土由水泥、粗骨料、细骨料和水组成，有时掺加外加剂、矿物掺合料。保证原材料的质量是保证混凝土质量的前提。尤其对于水泥原料，当水泥进场时应对其品种、级别、包装或散装仓号、出厂日期等进行检验，并对其强度、安定性及其他必要的性能指标进行复验，其质量必须符合现行国家标准。

6.1.1   混凝土施工配制强度确定

混凝土配合比应根据国家现行《普通混凝土配合比设计规程》确定，有时还需满足抗渗性、抗冻性、水化热低及对混凝土和易性的要求，并符合合理使用材料、节约水泥的原则。

混凝土制备之前按下式确定混凝土的施工配置强度，以达到95%的保证率

$$f_{cu.0} = f_{cu.k} + 1.645\sigma$$

式中　$f_{cu.0}$——混凝土的施工配制强度（N/mm²）；

　　　$f_{cu.k}$——设计的混凝土强度标准值（N/mm²）；

　　　σ——施工单位的混凝土强度标准值（N/mm²）。

当施工单位具有近期的同一品种混凝土强度的统计资料时，σ 可按下式计算

$$\sigma = \sqrt{\frac{\sum f^2_{cu.i} - N\mu^2 f_{f.cu}}{N-1}}$$

式中　$f_{cu.i}$——统计周期内同一品种混凝土第 i 组试件强度（N/mm²）；

　　　$f_{f.cu}$——统计周期内同一品种混凝土 N 组强度的平均值（N/mm²）；

　　　σ——统计周期内同一品种混凝土强度等级的试件组数 $N \geqslant 25$。

当混凝土强度等级为 C20 或 C25 时，如计算得到的 $\sigma < 2.5N/mm^2$，取 $\sigma = 2.5N/mm^2$；当混凝土强度等级高于 C25 时，如计算得到的 $\sigma < 3.0N/mm^2$ 时，取 $\sigma = 3.0N/mm^2$。

对预拌混凝土搅拌站和预制混凝土构件厂，其统计周期可取 1 个月；对现场拌制混凝土，其统计周期可根据实际情况确定，但不宜超过 3 个月。

施工单位如无近期同一品种混凝土强度统计资料时，σ 可按表 6.1 取值。

表 6.1　混凝土强度标准差 σ

混凝土强度等级	低于 C20	C25～C35	高于 C35
σ（N/mm²）	4.0	5.0	6.0

注：表中 σ 值，反映我国施工单位的混凝土施工技术和管理的平均水平，采用时可根据本单位情况做适当调整。

6.1.2　混凝土施工配合比计算

混凝土的配合比是在实验室根据初步计算的配合比经过试配和调整而确定的，称为实验室配合比。确定实验室配合比所用的骨料——砂、石都是干燥的。施工现场使用的砂、石都具有一定的含水率，含水率大小随季节、气候不断变化。如果不考虑现场砂、石含水率，还按实验室配合比投料，其结果是改变了实际砂石用量和用水量，而造成各种原材料用量的实际比例不符合原来的配合比的要求。为保证混凝土工程质量，保证按配合比投料，在施工时要按砂、石实际含水率对原配合比进行修正。

根据施工现场砂、石含水率，调整以后的配合比称为施工配合比。假定实验室配合比为水泥：砂：石＝1：x：y，水灰比为 $W:C$，现场测得砂含水率为 W_s，石子含水率为 W_g 则施工配合比为水泥：砂：石＝1：x（1＋W_s）：y（1＋W_g）水灰比 $W:C$ 不变，但用水量要减去砂石中的含水量。

【例题】某工程混凝土实验室配合比为水泥：砂：石子＝1：2.28：4.47，水灰比 W/C＝0.63，1m³ 混凝土水泥用量 c＝285kg，现场实测砂含水率 3%，石子含水率 1%，求施

工配合比及 1m³ 混凝土各种材料用量？

　　解：（1）施工配合比

$1:x(1+W_s):y(1+W_g)=1:2.28(1+3\%):4.47(1+1\%)=1:2.35:4.51$

　　（2）按施工配合比得到 1m³ 混凝土各组成材料用量为

水泥 $C=285$kg

砂 $S=285\times2.35$kg$=669.75$kg

石 $G=285\times4.51$kg$=1285.35$kg

水 $=(W:C-xW_s-yW_g)C=(0.63-2.28\times3\%-4.47\times1\%)\times285kg=147.32$kg

6.1.3　混凝土搅拌机选择

　　混凝土制备是指将各种组成材料拌制成质地均匀、颜色一致、具备一定流动性的混凝土拌合物。由于混凝土配合比是按照细骨料恰好填满粗骨料的间隙，而水泥浆又均匀地分布在粗细骨料表面的原理设计的。如混凝土制备得不均匀就不能获得密实的混凝土，影响混凝土的质量，所以制备是混凝土施工工艺过程中很重要的一道工序。

　　混凝土拌合物制备的方法，除工程量很小且分散的用人工拌制外，大部分均采用机械搅拌。混凝土搅拌机按其搅拌原理分为自落式和强制式两类。

1.　自落式搅拌机

　　自落式搅拌机的搅拌筒内壁焊有弧形叶片，当搅拌筒绕水平轴旋转时，弧形叶片不断将物料提高一定高度，然后自由落下而互相混合，如图 6.1 所示。自落式搅拌机主要是按重力机理设计的，在这种搅拌机中，物料的运动轨迹是处于叶片带动范围内的物料，在重力作用下沿拌合料的倾斜表面自动滚下；处于叶片带动范围内的物料，在被提升到一定高度后，先自由落下再沿倾斜表面下滚。由于下落时间、落点和滚动距离不同，使物料颗粒相互穿插、翻拌、混合而达到均匀。

　　自落式搅拌机，根据构造的不同又分为若干种。

　　鼓筒式搅拌机已被国家列为淘汰产品，自 1987 年年底起停止生产和销售。

　　双锥反转出料式搅拌机是自落式搅拌机中较好的一种，适宜于搅拌塑性混凝土。它在生产率、能耗、噪声和搅拌质量等方面都比鼓筒式搅拌机好。双锥反转出料式搅拌机的搅拌筒由两个截头圆锥组成，搅拌筒每转一周，物料在筒中的循环次数比鼓筒式搅拌机多，效率较高而且叶片布置较好，物料一方面被提升后靠自落进行拌合，另一方面又迫使物料沿轴向左右窜动，搅拌作用很强。它正转搅拌，反转出料，构造简易，制造容易。

　　双锥倾翻出料式搅拌机结构简单，适合于大容量、大骨料、大坍落度混凝土搅拌，在我国多用于水电工程。

图 6.1　自落式搅拌机

2. 强制式搅拌机

强制式搅拌机主要是根据剪切机理设计的。在这种搅拌机中有转动的叶片，这些不同角度和位置的叶片转动时通过物料，克服了物料的惯性、摩擦力和粘滞力，强制其产生环向、径向、竖向运动，而叶片通过后的空间，又由翻越叶片的物料、两侧倒坍的物料和相邻叶片推过来的物料所充满。这种由叶片强制物料产生剪切位移而达到均匀混合的搅拌。如图 6.2 所示。

图 6.2　强制式搅拌机

强制式搅拌机的搅拌作用比自落式搅拌机强，适宜于搅拌干硬性混凝土和轻骨料混凝土。但强制式搅拌机的转速比自落式搅拌机高，动力消耗大，叶片、衬板等磨损也大。

强制式搅拌机分为立轴式和卧轴式，卧轴式有单轴、双轴之分，立轴式又分为涡浆式和行星式。涡浆式是在盘中央装有一根回旋轴，轴上装若干组叶片。行星式则有两根回旋轴，分别带动几个叶片。行星式又分为定盘式和盘转式两种，在定盘式中叶片除绕自己的轴转动（自转）外，两根装叶片的轴还共同绕盘的中心线转动（公转）。在盘转式中，两根装叶片的轴不进行公转运动，而是整个盘做相反方向转动。

涡浆式强制搅拌机构造简单、但转轴受力较大，且盘中央的一部分容积不能利用，因为叶片在那里的线速度太低。行星式强制搅拌机构造复杂，但搅拌作用强。其中盘转式消耗能量较多，已逐渐为定盘式所代替。立轴式搅拌机是通过盘底部的卸料口卸料，卸料迅速。但如卸料口密封不好，水泥浆易漏掉，所以立轴式搅拌机不宜于搅拌流动性大的混凝土。

卧轴式搅拌机具有适应范围广、搅拌时间短、搅拌质量优等特点，是目前国内外大力发展的机型。这种搅拌机的水平搅拌轴上装有搅拌叶片，搅拌筒内的拌合物在搅拌叶片的带动下，作相互切翻运转和按螺旋形轨迹交替运动，得到充分的搅拌。搅拌叶片的形状、数量和布置形式影响着搅拌质量和搅拌机的技术性能。

3. 自落式搅拌机和强制式搅拌机的区别

自落式搅拌机的搅拌筒内壁没有叶片，靠搅拌机滚筒滚动带动材料混合。强制式搅拌机的搅拌筒内壁焊有弧形叶片，当搅拌筒绕水平轴旋转时，叶片不断将物料提升到一定高度，然后自由落下，互相掺合。自落式搅拌机适用于搅拌塑性混凝土和低流动性混凝土。强制式搅拌机的搅拌作用比自落式搅拌机强，适宜搅拌干硬性混凝土和轻骨料混凝土，也可搅拌流动性混凝土。自落式搅拌机是靠搅拌罐旋转，将内部的混凝土升到罐的上部，又落下来，这样不断循环搅拌。强制式搅拌机是不动的罐体，使用搅拌爪在里面搅动拌和，其效果和效率比自落式好一些。自落式搅拌机的搅拌筒是垂直放置的，随着搅拌筒的转动，混凝土拌合料在搅拌筒内做自由落体式翻转搅拌，从而达到搅拌的目的。

选择搅拌机时，要根据工程量大小、混凝土的坍落度、骨料尺寸等而定，既要满足技术上的要求，也要考虑经济效益和节约能源。

我国规定混凝土搅拌机以其出料容量（m^3）×1000 为规定规格，我国混凝土搅拌机的系列为 50，150，250，350，500，750，1000，1500 和 3000。

6.1.4　混凝土搅拌制度

为了获得质量优良的混凝土拌合物，除正确选择搅拌机外，还必须制定搅拌制度，内容包括搅拌时间、投料顺序和进料容量等。

1. 混凝土搅拌时间

搅拌时间是指从原材料全部投入搅拌筒时起，到开始卸料时止所经历的时间。搅拌时间与搅拌质量密切相关，随搅拌机类型和混凝土的和易性的不同搅拌时间也不同。在一定范围内随搅拌时间的延长混凝土强度会有所提高，但过长时间的搅拌既不经济也不合理。因为搅拌时间过长，不坚硬的粗骨料在大容量搅拌机中会因脱角、破碎等而影响混凝土的质量。加气混凝土也会因搅拌时间过长而使含气量下降。为了保证混凝土的质量，混凝土搅拌制度规定了混凝土搅拌的最短时间，见表 6.2。该最短时间是按一般常用搅拌机的回转速度确定的，不允许用超过混凝土搅拌机说明书规定的回转速度进行搅拌以缩短搅拌延续时间。原因是当自落式搅拌机搅拌筒的转速达到某一极限时，筒内物料所受的离心力等于其重力，物料就贴在筒壁上不会落下，不能产生搅拌作用。该极限转速称为搅拌筒的临界转速。

在立轴强制式搅拌机中，如叶片的速度太高，在离心力作用下，拌合物会产生离析现象，同时能耗、磨损都大大增加。所以叶片线速度亦有临界速度的限值。临界速度是根据作用在料粒上的离心力等于惯性重力求得。

表 6.2 混凝土搅拌的最短时间（s）

混凝土坍落度（mm）	搅拌机机型	搅拌机出料量（L）		
		<250	250—500	>500
≤30	强制式	60	90	120
	自落式	90	120	150
>30	强制式	60	60	90
	自落式	90	90	120

注：①当掺有外加剂时，搅拌时间应适当延长。②全轻混凝土、砂轻混凝土搅拌时间应延长 60—90s。③轻骨料宜在搅拌前预湿，强制式搅拌机搅拌的加料顺序是先加粗细骨料和水泥搅拌 60s，再加水继续搅拌；自落式搅拌机的加料顺序是先加 1/2 的用水量，然后加粗细集料和水泥，均匀搅拌 60s，再加剩余水量继续搅拌。

在现有搅拌机中，叶片的线速度多为临界速度的 2/3。涡浆式搅拌机叶片的线速度即为叶片的绝对速度，行星式则为叶片相对于搅拌盘的相对速度。

2. 投料顺序

投料顺序应从提高搅拌质量、减少叶片和衬板的磨损、减少拌合物于搅拌筒的黏结、减少水泥飞扬、改善工作环境、提高混凝土强度、节约水泥等方面综合考虑确定。常用的有一次投料法、两次投料法和水泥裹砂法。

（1）一次投料法是在上料斗中先装石子、再加水泥和砂，然后一次投入搅拌机。对自落式搅拌机要在搅拌筒内先加部分水，投料时砂压住水泥，水泥不致飞扬，且水泥和砂先进入搅拌筒形成水泥砂浆，可缩短包裹石子的时间。对立轴强制式搅拌机，因出料口在下部，不能先加水，应在投入原料的同时，缓慢均匀分散地加水。

（2）两次投料法经过我国的研究和实践形成了"裹砂石法混凝土搅拌工艺"，它是在日本研究的造壳混凝土（简称 SEC 混凝土）的基础上结合我国的国情研究成功的，它分两次加水两次搅拌。用这种工艺搅拌时，先将全部的石子、砂和70%的拌合水倒入搅拌机，拌合 15s 使骨料湿润，再倒入全部水泥进行造壳搅拌 30s 左右，然后加入 30%的拌合水再进行糊化搅拌 60s 左右即完成。

两次投料法能改善混凝土性能，提高混凝土的强度，在保证规定的混凝土强度的前提下节约了水泥。国内外的实验表明，两次投料法搅拌的混凝土与一次投料法相比较，混凝土强度可提高约 15%。在强度等级相同的情况下，可节约水泥 15%～20%。

（3）水泥裹砂法。这种混凝土就是在砂的表面造成一层水泥浆壳。主要采取两项工艺措施，一是对砂的表面湿度进行处理，控制在一定范围内；二是进行两次加水搅拌，第一次加水搅拌称为造壳搅拌，就是先将处理过的砂、水泥和部分水搅拌，使砂子周围形成黏着性很高的水泥糊包裹层；加入第二次水及石子，经搅拌，部分水泥浆便均匀地分散在被造壳的砂及石子周围。这种方法的关键在于控制砂表面水率及第一次搅拌时的造壳用水量。国内外的实验结果表明，砂的表面水率控制在 4%～6%，第一次搅拌加水为总加水量的 20%—26%时，造壳混凝土的增强效果最佳。此外，与造壳搅拌时间也有密切关系，时间过短，不能形成均匀的水灰比的水泥浆使之牢固地黏结在砂表面，即形成水泥浆壳；时间过长，造壳效果并不十分明显，强度提高不大，时间最好以 45～75s 为宜。

水泥裹砂法能提高强度是因为改变投料和搅拌次序后，使水泥和砂石的接触面增大，水泥的潜力得到充分发挥。与普通搅拌工艺相比，用裹砂法搅拌工艺可使混凝土强度提高 10%～20%，节约水泥 5%～10%。推广这种新工艺，有巨大的经济效益。

3. 进料容积

进料容量是将搅拌前各种材料的体积累积起来的容量，又称干料容量。进料容量 V_j 与搅拌机搅拌筒的几何容量 V_g 有一定的比例关系，一般情况下 $V_j / V_g = 0.22\sim0.40$。如超载（进料容量超过 10%以上），就会使拌料在搅拌筒内无充分的空间进行掺和，影响混凝土拌合物的均匀性。反之，如装料过少，则又不能充分发挥搅拌机的效能。

几何容积指机械自身的容积，三个容积关系为：几何容积＞进料容积＞出料容积。

对拌制好的混凝土，应经常检查其均匀性与和易性，如有异常情况，应检查其配合比和搅拌情况，及时加以纠正。

4. 搅拌要求

应严格控制混凝土施工配合比。砂、石必须严格过磅，不得随意加减用水量。

在搅拌混凝土前，搅拌机应加适量的水再运转，使搅拌筒表面润湿，然后将多余水排出。搅拌第一盘混凝土时，考虑到筒壁上黏附砂浆的损失，石子用量应按规定配合比减半。

搅拌好的混凝土要卸尽，在混凝土全部卸出之前，不得再投入拌合料，更不得采取边出料边进料的方法。

6.1.5　混凝土搅拌站

混凝土拌合料在搅拌站集中制备成预拌混凝土能提高混凝土质量和取得较好的经济效益，如图 6.3 所示。搅拌站根据其组成按竖向布置方式的不同分为单阶式和双阶式。在单阶式混凝土搅拌站中，原材料一次提升后经过贮料斗，然后靠自重下落进入称重和搅拌工序。这种工艺流程，原材料从上道工序到下道工序的时间短，效率高，自动化程度高，搅拌站占地面积小，适用于产量大的固定式人型混凝土搅拌站。在双阶式混凝土搅拌站中，原材料经第一次提升进入贮料斗，下降经称重、配料后，再经第二次提升进入搅拌机。这种工艺流程的搅拌站的建筑物高度小，运输设备简单，投资少，建设快，但效率和自动化程度相对较低，建筑工地上设置的临时性混凝土搅拌站多属此类。

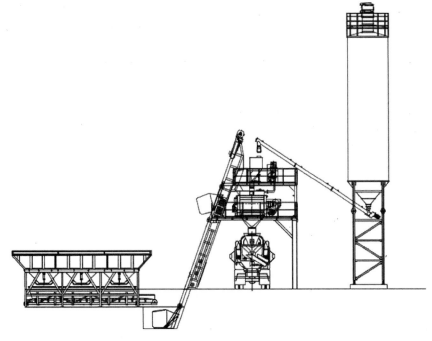

图 6.3　混凝土搅拌站示意图

双阶式工艺流程的特点是物料两次提升，有不同的工艺流程和不同的生产设备。由于骨料的用料很大，解决好骨料的贮存和输送是关键。目前我国骨料多露天堆存，用拉铲、皮带运输机、抓斗等进行一次提升，经杠杆秤、电子秤等称重后，再用提升斗进行二次提升进入搅拌机进行拌合。

散装水泥用金属筒仓贮存最合理。散装水泥输送车上多装有水泥输送泵，通过管道即可将水泥送入筒仓。水泥的称量亦用杠杆秤或电子秤。水泥的二次提升多用气动输送或大倾角竖斜式螺旋输送机输送。

双阶式混凝土搅拌站是目前所推崇的。骨料堆于扇形贮仓，拉铲可用来堆料和一次提升，由于拉铲可以回转，其工作面是一个以悬臂长度为半径的扇形区域，扇形的中心角可达 210°，用挡料墙加以分隔，可以贮存各种不同的骨料。骨料在自重作用下经卸料闸门进入秤斗，由提升机进行二次提升倒入搅拌机。水泥的称量设备设在搅拌机上方，由倾斜的螺旋输送机进行二次提升，经称量后直接倒入搅拌机内。

预拌混凝土目前被广泛看好，在国内一些大中城市应用较多，不少城市已有较大的应用规模。一些城市甚至规定在一定范围内必须采用预拌混凝土，不得现场拌制。现在一些大城市更是已发展到采用预拌砂浆。

6.2　混凝土和易性

和易性是指新拌水泥混凝土易于在各工序中施工操作（搅拌、运输、浇筑、捣实等）并能获得质量均匀、成形密实的性能，和易性也称混凝土的工作性。

6.2.1　混凝土和易性性质

和易性是一项综合的技术性质，它与施工工艺密切相关，通常包括流动性、保水性和黏聚性三个方面。

1. 流动性

流动性是指新拌混凝土在自重或机械振捣的作用下，能产生流动，并均匀密实地填满模板的性能。流动性反映出拌合物的稀稠程度。若混凝土拌合物太干稠，则流动性差，难以振捣密实；若拌合物过稀，则流动性好，但容易出现分层离析现象。流动性的主要影响因素是混凝土用水量。

2. 黏聚性

黏聚性是指新拌混凝土的组成材料之间有一定的黏聚力，在施工过程中，不致发生分层和离析现象的性能。黏聚性反映混凝土拌合物的均匀性。若混凝土拌合物黏聚性不好，则混凝土中集料与水泥浆容易分离，造成混凝土不均匀，振捣后会出现蜂窝和空洞等现象。黏聚性的主要影响因素是胶砂比。

3. 保水性

保水性是指新拌混凝土具有一定的保水能力，在施工过程中，不致产生严重透水现象的性能。保水性反映混凝土拌合物的稳定性。保水性差的混凝土内部易形成透水通道，影响混凝土的密实性，并降低混凝土的强度和耐久性。保水性的主要影响因素是水泥品种、用量和细度。

新拌混凝土的和易性是流动性、黏聚性和保水性的综合体现，这三者之间既互相联系，又常存在矛盾。因此，在一定施工工艺的条件下，新拌混凝土的和易性是以上三方面性质的矛盾统一。

6.2.2 混凝土和易性测定

目前，还没有能够全面测定混凝土混合料和易性的方法，通常是测定其流动性，再凭经验判断其黏聚性和保水性。

测定混凝土流动性最常用的方法是坍落度法，如图6.4所示。测定时，将混凝土混合料分三层装入标准尺寸的圆锥坍度筒中，每装一层，用直径为16mm的捣棒垂直而均匀地自外向里插捣25次，三层捣完后，将筒口混合料刮平，然后将筒垂直提起，放在一旁，这时混合料便由于自重而发生坍落现象，向下坍落的尺寸（mm）大小，称为坍落度。坍落度越大，表示混凝土的流动性越大。

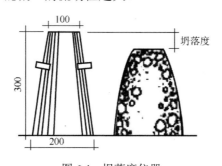

图6.4 坍落度仪器

做完坍落度试验后，可以同时观察混凝土的黏聚性、保水性。如果混凝土表面不出现过多的水分，说明保水性好。同时可用捣棒从侧面轻轻敲击混合料，黏聚性好的混凝土在敲击下不会松散崩塌。

坍落度试验只适用于塑性混凝土和低塑性混凝土；对于干硬性混凝土，则常常采用测定工作度的方法，需要使用维勃稠度仪测定其工作度。操作要点如下。

（1）将混凝土拌合物分三层装入坍落度筒，每层插捣25下，捣完后抹平，垂直平稳地提起坍落度筒。

（2）把透明圆盘转到混凝土试体上方并轻轻落下使之与混凝土顶面接触。

（3）同时开启振动台和秒表，记下透明圆盘的底面被水泥浆布满所需的时间。

混凝土拌合物分类见表 6.3。

表 6.3　混凝土拌合物分类

分　类	坍落度（mm）	工作度（s）
干硬性	0	60～120
半干硬性	0	30～60
低塑性	10～50	15～30
塑性	50～150	5～15
流动性	>150	-

对混凝土坍落度或工作度大小的选择，要根据成形的方法、截面大小、钢筋疏密程度来决定。

6.2.3　混凝土和易性的影响因素及改善措施

和易性好的混凝土施工方便，搅拌均匀；流动性大，易于捣实；混凝土内部均匀密实，强度大，耐久性好。

1. 影响因素

● 单位体积用水量：决定水泥浆的数量和稠度，它是影响混凝土和易性的最主要因素。

● 砂率指混凝土中砂的质量占砂、石总质量的百分率。

● 水泥品种：指水泥的需水量和泌水性及骨料的性质，也对混凝土和易性产生影响。

此外，外加剂能改善混凝土或砂浆拌合物施工时的和易性，环境条件时间、温度、湿度和风速等也对和易性有影响。

2. 改善措施

（1）当混凝土拌合物坍落度太小时，可保持水灰比不变，适当增加水泥浆的用量；当坍落度太大时，可保持砂率不变，调整砂石用量。

（2）通过实验，采用合理砂率。

（3）改善砂石的级配，一般情况下尽可能采用连续级配。

（4）掺加外加剂：采用减水剂、引气剂、缓凝剂都可有效地改善混凝土拌合物的和易性。

（5）根据具体环境条件，尽可能缩短新拌混凝土的运输时间，若不允许，可掺缓凝剂，减少坍落度损失。

6.3 混凝土的运输

6.3.1 混凝土运输的基本要求

对混凝土拌合物运输的基本要求是不产生离析现象，保证浇筑时达到规定的坍落度和在混凝土初凝之前能有充分时间进行浇筑和捣实。

匀质的混凝土拌合物应为介于固体和液体之间的弹塑性物体。但在运输过程中，由于运输工具的颠簸振动等动力作用，混凝土各物质间的黏着力和内摩擦力将明显削弱，骨料失去平衡状态，形成分层离析现象，这对混凝土质量是有害的。为此，运输道路要平坦，运输工具要选择恰当，运输距离要限制以防分层离析。若已产生离析，在浇筑前要进行二次搅拌。

此外，运输混凝土的工具要不吸水、不漏浆，且运输时间有一定限制。普通混凝土从搅拌机中卸出后到浇筑完毕的延续时间不宜超过表 6.4 的规定。如需要长距离运输可选用混凝土搅拌运输车。

表 6.4　混凝土从搅拌机中卸出到浇筑完毕的延续时间

混凝土强度等级	气温	
	≤25℃	>25℃
≤C30	120min	90min
>C30	90min	60min

6.3.2 混凝土运输的分类

1. 地面运输

当预拌（商品）混凝土运输距离较远时，多用混凝土搅拌运输车，如图 6.5 所示，本项目中也是采用混凝土搅拌运输车运送混凝土。混凝土搅拌运输车为长距离运输混凝土的有效工具，在运输过程中搅拌筒可慢速转动进行拌合，以防止混凝土离析。搅拌筒的容量一般为 $2m^3 \sim 10m^3$ 不等。

图 6.5　混凝土搅拌运输车

2. 混凝土垂直运输

多用塔式起重机、混凝土泵、快速提升斗和井架等。本项目中，采用混凝土泵车直接浇筑，一次性完成水平及垂直运输，如图 6.6 所示。

图 6.6　混凝土泵车

超高层建筑是现代城市建设的特征，也使现代建筑的科技力量得到完美体现。超高层建筑的混凝土施工，随着泵送高度的增加，对混凝土输送泵的输送压力要求也不断提高。对于垂直高度大于 400m 的超高层建筑，一般采用高强度混凝土（黏度大），其混凝土输送泵的出口压力需要在 20MPa 以上，泵送非常困难，给泵送施工带来一系列的技术难题。这种高强度混凝土的超高压泵送因混凝土压力过高，容易产生泄漏，导致混凝土离析、堵管等诸多问题，这一直是混凝土施工的一大难题，要解决此难题，必须解决设备的高可靠性和超强的泵送能力，超高压混凝土的密封、超高压管道、超高压混凝土泵送施工工艺及管道内剩余混凝土的水洗等方面的技术问题。在超高层混凝土泵送过程中应注意以下一些问题。

（1）合理布管

① 超高压管道布管时，应适当使用弯管的数量，在底部应设有垂直高度 1/4 左右的水平管道，当泵送高度超过 200m 时，应考虑在高空布置水平管道，来抵消垂直管道内混凝土的自重产生的反压。

② 输送管直径越小，输送阻力越大，但过大的输送管抗爆能力差，而且混凝土在管道内停留的时间长，影响混凝土的性能，最好选用直径为 125mm 的输送管。

③ 超高压管道的固定与安装。为了解决因泵送振动而引起的管道松动问题，无论是地面水平管还是墙壁垂直管，均须使用特殊固定装置 U 码固定牢固。

（2）合理的混凝土配合比

（3）超高压水洗技术

水洗技术本身是一种施工方法，关键是需要具备下述保障条件，即混凝土泵具有足够的压力、输送管道不漏水，眼睛板、切割环密封良好。

传统的水洗方法是在混凝土管道内放置一海绵球，用清水作为介质进行泵送，通过海绵球将管道内的混凝土顶出。由于海绵球不能阻止水的渗透，水压越高，渗透量就越大。大量的水透过海绵球后进入混凝土中，会将混凝土中的砂浆冲走，剩下的粗骨料失去流动性会引起堵管，使水洗失败。所以传统的水洗方法水洗高度一般不超 200m。

3. 混凝土楼面运输

以双轮手推车为主，也可用机动灵活的小型机动翻斗车。

6.4　混凝土的浇筑与捣实

混凝土浇筑要保证混凝土的均匀性和密实性，要保证结构的整体性、尺寸准确和钢筋、预埋件位置正确，拆模后混凝土表面要平整、光洁。

6.4.1 混凝土浇筑应注意的问题

（1）防止离析。浇筑混凝土时，如果自由倾落高度过大，粗骨料在重力作用下克服黏着力后的下落动能大，下落速度较砂浆快，可能形成混凝土离析。为此，混凝土自高处倾落的自由高度不应超过 2m，在竖向结构中限制自由倾落高度不宜超过 3m，否则应沿串筒、斜槽、溜管等下料。

（2）浇筑竖向结构混凝土前，底部应先填以 50～100mm 厚的与混凝土成分相同的水泥砂浆。混凝土的水灰比和坍落度应随浇筑高度的上升予以递减。

（3）浇筑混凝土时，应经常观察模板、支架、钢筋、预埋件和预留洞口的情况，如果发现问题应立即停止浇筑进行处理，并应在已浇筑混凝土凝结前完成浇筑。

（4）在浇筑与柱和墙连成整体的梁和板时，应在柱和墙浇筑完毕后停歇 1h～1.5h，使混凝土初步沉实后再继续浇筑，以防止接缝处出现裂缝。

（5）梁和板应同时浇筑混凝土。较大尺寸的梁（梁的高度大于 1 米）、拱和类似的结构可单独浇筑，但施工缝的设置应符合有关规定。

6.4.2 正确留置施工缝

混凝土结构多要求整体浇筑，如因技术或组织的原因不能连续浇筑，且停顿时间有可能超过混凝土的初凝时间，则应事先确定在适当位置留置施工缝，如图 6.7 所示。施工缝是结构中的薄弱环节，宜留在结构剪力较小的部位，柱子一般留在基础顶面、梁的下面，同时要照顾施工方面。

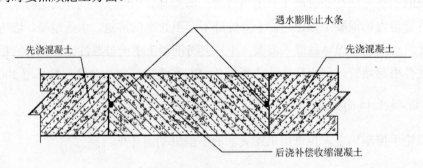

图 6.7　混凝土施工缝

施工缝处理要求：施工缝连接方式应符合设计要求。设计无具体要求时，对于素混凝土结构，应在施工缝处埋设直径不小于 16mm 的连接钢筋。连接钢筋埋入深度和露出长度均不应小于钢筋直径的 30 倍，间距不大于 20cm，使用光圆钢筋时两端应设半圆形标准弯钩，使用带肋钢筋时可不设弯钩。混凝土施工缝的处理还应符合下列要求。

①　当旧混凝土面和外露钢筋（预埋件）暴露在冷空气中时，应对距离新、旧混凝土施工缝 1.5m 范围内的旧混凝土和长度在 1.0m 范围内的外露钢筋（预埋件）进行防寒保温。

②　当混凝土不需加热养护，且在规定的养护期内不致冻结时，对于非冻胀性地基或旧混凝土面，可直接浇筑混凝土。

③　当混凝土需要加热养护时，新浇筑混凝土与邻接的已硬化混凝土或岩土介质间的温差不得大于 15℃；与混凝土接触的地基面的温度不得低于 2℃。混凝土开始养护时的温度应按施工方案通过热工计算确定，但最低不得低于 5℃，细薄截面结构不宜低于 10℃。

④　应凿除已浇筑混凝土表面的水泥砂浆和松弱层，凿毛后露出的新鲜混凝土面积不低于 75%。凿毛时，混凝土强度应符合下列规定：用人工凿毛时，不低于 2.5MPa；用风动机等机械凿毛时，不低于 10MPa。

⑤　经凿毛处理的混凝土面应用水冲洗干净，但不得存有积水。在浇筑新混凝土前，对垂直施工缝宜在旧混凝土面上刷一层水泥净浆，对水平施工缝宜在旧混凝土面上铺一层厚 10～20mm、比混凝土水胶比略小的、胶砂比为 1∶2 的水泥砂浆，或铺一层厚约 30cm 的混凝土，其粗骨料宜比新浇筑混凝土减少 10%。

⑥　施工缝为斜面时，旧混凝土应浇筑成或凿成台阶状。

6.4.3　混凝土的振动密实成形

混凝土拌合物浇筑之后，须经密实成形才能赋予混凝土制品或结构一定的外形和内部结构。强度、抗冻性、抗渗性、耐久性等都与密实成形有直接关系。

混凝土拌合物密实成形有 3 个途径，一是借助于机械外力（如机械振动）来克服拌合物的剪应力而使之液化；二是在拌合物中适当多加水泥浆来提高其流动性，使之便于成形，成形后用离心法、真空作业法等将多余的水分和空气排出；三是在拌合物中掺入高效减水剂，使其坍落度大大增加，可自流浇筑成形。本项目在施工现场主要采用第一种密实成形方法，使用的振动机械是内部振动器，也称插入式振动器或振捣棒，其工作部分是一棒状空心圆柱体，内部装有偏心振子，在电动机带动下高速转动而产生高频微幅的振动，如图 6.8 所示。振动棒插点间距要均匀排列，以免漏振。插点可按行列式或交错式布置，如图 6.9 所示，其中交错式的重叠搭接较好，比较合理，多用于振实梁、柱、墙、厚板和大体积混凝土结构等。值得注意的是，在振捣大体积混凝土时，要边浇筑边振捣，不能浇筑完成后再振捣。

图 6.8　混凝土振捣棒

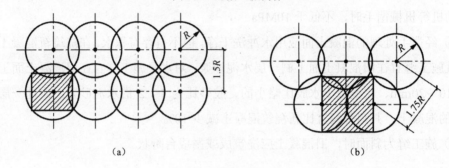

（a）　　　　　　　　　　　　（b）

图 6.9　振捣点的布置

6.5　混 凝 土 缺 陷

在混凝土施工过程中，不论现场管理水平如何，混凝土结构的施工都不可能在非常理想的条件下进行，往往会由于种种原因造成混凝土外观质量缺陷，原因可能是结构形式的特殊，或者是气候条件的恶劣，或者是施工方法、施工工艺的不规范等。混凝土结构的表面缺陷大致可以归纳为麻面、蜂窝、表面破损、露筋、裂缝、孔洞、疏松等，不管是哪一种表面缺陷，都会对混凝土结构的外观质量带来不利的影响。所以，找到混凝土结构产生表面缺陷的内因，在施工中有针对性地采取措施进行处理是非常重要的。

6.5.1　麻面

麻面是指混凝土表面呈现出无数绿豆般大小的不规则小凹点，直径通常不大于 5mm，如图 6.10 所示。

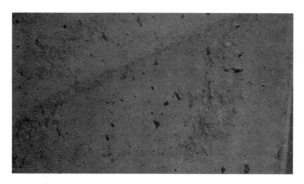

图 6.10　混凝土表面麻面

混凝土麻面质量缺陷主要出现在剪力墙的暗柱和暗梁交接处，柱与楼板交接处。

（1）原因分析

麻面是混凝土表面缺浆、起砂、掉皮导致的缺陷，表现为构件外表呈现质地疏松的凹点，其面积不大（≤0.5m²）、深度不深（≤5mm），且无钢筋裸露现象。这种缺陷一般是由于模板湿润不够、支架不严、振捣时发生漏浆或振捣不足、气泡未排出及捣固后没有很好养护产生的。

（2）处理方法

用小钢钎或钢丝刷将混凝土麻面的疏松水泥浆和石子清理干净。用清水冲洗掉表面的粉尘，且充分湿润。经过充分湿润的混凝土表面无明显水迹时采用 1:2 的水泥砂浆抹平。抹平后的水泥砂浆要跟踪保养，防止水泥砂浆干缩脱落或起砂，并注意适时二次抹压。修补后按结构面层设计进行装修。

（3）预防措施

模板表面清理干净，脱模剂应涂刷均匀；混凝土搅拌时间要适宜，在搅拌车内不应超过 3 小时；浇筑前检查模板拼缝，对可能漏浆的缝设法封堵；振捣遵循快插慢拔原则，振动棒插入到拔出时间控制在 20s 为佳，插入下层 5～10cm，振捣至混凝土表面平坦泛浆、不冒气泡、不显著下沉为止；新拌制混凝土必须按水泥或外加剂的性质，在初凝前振捣，放置时间过长未初凝混凝土可拉回搅拌站按设计水灰比加水加水泥重新拌和。

6.5.2　层模板接缝处烂边、烂根

（1）成因分析

烂边和烂根主要是由于模板拼缝不严密、接缝处止浆不好、振捣时混凝土表面失浆造成。漏浆较少时边角出现毛边，漏浆严重可出现混凝土蜂窝麻面。

（2）预防措施

接缝处贴橡胶海绵条或无纺土工布止浆，并用钢木压板、橡胶压条止浆；拼缝两侧的振捣器起振时要保持同步。

6.5.3 混凝土表面裂缝

混凝土的收缩分干缩和自收缩两种。干缩是混凝土随着多余水分蒸发、湿度降低而产生体积减小的收缩，其收缩量占整个收缩量的很大部分；自收缩水泥水化作用引起的体积减小，收缩量只有前者的 1/5～1/10。

（1）原因分析

由于温度变化或混凝土徐变的影响，形成裂纹；过度振捣造成离析，使表面水泥含量大，收缩量也增加；拆模过早，或养护期内受扰动等因素也有可能引起混凝土裂纹发生；未加强混凝土早期养护，表面损失水分过快，造成内外收缩不均匀而也会引起表面混凝土开裂。

（2）预防措施

浇筑完成 6 小时后开始养护，养护期为 7 天，前 24 小时每 2 小时养护一次，24 小时后每 4 小时养护一次，顶面用湿麻袋覆盖，避免曝晒；振捣密实而不离析，对面板进行二次抹压，以减少压缩量。

6.5.4 露筋

露筋是指模板拆除后钢筋露在混凝土外面，如图 6.11 所示。

图 6.11　混凝土结构露筋

（1）原因分析

露筋包括以下几种原因：混凝土内钢筋垫块数量不足或混凝土振捣过程中垫块发生位移，使钢筋紧贴模板而造成露筋；保护层垫块厚度不符合设计要求使钢筋紧贴模板而造成露筋；保护层混凝土浇捣不密实或混凝土掉角出现露筋。

（2）处理方法

用小钢钎将混凝土裸露钢筋周围的疏松水泥浆和石子打凿干净，钢筋表面的铁锈用钢丝刷刷掉。用清水冲洗掉钢筋和混凝土表面的粉尘，且充分湿润。当露筋较浅时，在无明显水迹的情况下，对经过充分湿润的混凝土表面采用1∶2的水泥砂浆抹平；当露筋较深时，在无明显水迹的情况下，对经过充分湿润的混凝土表面采用比原混凝土强度高一个等级的细石混凝土修补，且加入适量的混凝土微膨胀剂。抹平后的水泥砂浆或混凝土要跟踪保养，防止水泥砂浆干缩脱落、起砂、混凝土干裂或强度不足。修补后按结构面层设计进行装修。

6.5.5　蜂窝

蜂窝是指混凝土表面无水泥砂浆，骨料间有空隙存在，形成数量或多或少的窟窿，大小如蜂窝，形状不规则，露出石子深度大于5mm，深度不漏筋，可能露骨筋，如图6.12所示。

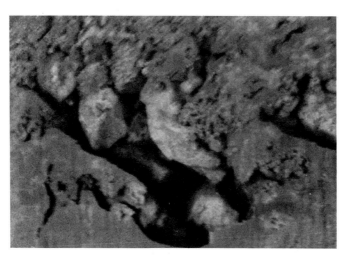

图6.12　混凝土表面蜂窝

（1）原因分析

模板漏浆或振捣过度，跑浆严重致使出现蜂窝；混凝土坍落度偏小，加上欠振或漏振形成蜂窝；混凝土浇筑方法不当，没有采用带浆法下料和赶浆法振捣；混凝土搅拌与振捣不足，使混凝土不均匀，不密实，造成局部砂浆过少。

（2）预防措施

浇筑前检查并嵌填模板拼缝以避免浇筑过程中跑浆；浇筑前洒水湿润模板以避免混凝土的水分被模板吸去；浇筑过程中派专人检查模板牢固情况，并严格控制每次振捣时间；塌落度过小时拉回搅拌站加水和水泥重新拌制；振捣工具的性能必须与混凝土的工作强度相适应。

（3）处理措施

根据蜂窝出现的构件所在的不同部位，分别进行处理。如果构件是梁、板、柱，且蜂窝是深进的或贯通的，必须进行必要的安全加固方可开始处理，用钢钎将混凝土蜂窝的疏松水泥浆和突出石子逐层缓慢凿打清理干净，不得用大锤或用力过大以影响整个混凝土构件的强度和安全。用加压的清水冲洗掉蜂窝内混凝土表面的粉尘，且充分湿润。当蜂窝出现位置需要支撑模板时，模板表面要充分湿水，以满足混凝土浇筑所必需的水分。梁、柱和墙的蜂窝最好采用钢夹板，以更好地保持新浇筑混凝土的水分，提高修补的质量。用比原混凝土强度高一个等级的细石混凝土修补，且加入适量的混凝土微膨胀剂。对防水混凝土还必须加入符合原设计要求的防水剂。补好后的混凝土要跟踪保养。木模板周围最好采用浸水的麻袋等紧贴覆盖。

6.6 混凝土的养护

混凝土养护包括人工养护和自然养护，现场施工多为自然养护。混凝土浇筑后，之所以能逐渐凝结硬化，主要是因为水泥水化作用的结果，而水化作用则需要适当的温度和湿度条件。所谓混凝土的自然养护，是指在平均气温高于+5℃的条件下，在一定时间内使混凝土保持湿润状态。

混凝土浇筑后，如气候炎热、空气干燥，不及时进行养护，混凝土中水分会蒸发过快，出现脱水现象，使已形成凝胶体的水泥颗粒不能充分水化，不能转化为稳定的结晶，缺乏足够的黏结力，从而会在混凝土表面出现片状或粉状剥落，影响混凝土的强度。此外，在混凝土尚未具备足够的强度时，其中水分过早地蒸发还会产生较大的收缩变形，出现干缩裂纹，影响混凝土的整体性和耐久性，所以混凝土浇筑后初期阶段的养护非常重要。混凝土浇筑完毕 12h 以内就应开始养护，干硬性混凝土应于浇筑完毕后立即进行养护。

自然养护分洒水养护和喷涂薄膜养护液养护两种，本项目中主要采用洒水养护，如图 6.13 所示。洒水养护是指用草帘或塑料薄膜等将混凝土覆盖，经常洒水使其保持湿润。养护时间长短取决于水泥品种，普通硅酸盐水泥和矿渣硅酸盐水泥拌制的混凝土不少于 7 天；掺有缓凝剂或有抗渗要求的混凝土不少于 14 天，洒水次数以能保证湿润状态为宜。

混凝土必须养护至其强度达到 $1.2N/mm^2$ 以上，才能够在其上行人或安装模板和支架。

拆模后发现有缺陷应及时修补，对数量不多的小蜂窝或露石的结构，可先用钢丝刷或压力水清洗，然后用 1:2～1:2.5 的水泥砂浆抹平。对蜂窝和露筋，应凿去全部深度内的薄弱混凝土层和个别突出的骨料，用钢丝刷和压力水清洗后，用比原强度等级高一级的细骨料混凝土填塞并仔细捣实。对影响结构承重性能的缺陷，要会同有关单位研究后慎重处理。

图 6.13 混凝土覆膜养护

6.7 季 节 性 施 工

季节性施工是指工程建设中按照季节的特点进行相应的建设，考虑到自然环境有不利于施工的因素存在，应该采取措施来避开或者减弱其不利影响，从而保证工程质量、工程进度、工程费用、施工安全等各项达到设计或规范要求。

在工程的建设中，季节性施工主要指雨季和冬季的施工，当然因地而异，有些地方也可以没有冬季施工；另外，季节性施工也可指台风季节施工和夏季施工。

6.7.1 冬季施工措施

（1）对现场全体施工人员进行冬季施工技术及安全措施交底。

（2）冬季浇筑混凝土时，采用普通硅酸盐水泥，并在混凝土内掺加早强剂和减水剂。

（3）混凝土在浇筑前，应清除钢筋上的冰雪和污垢，浇筑完的混凝土表面及时进行保温覆盖。

（4）模板和保温层应在混凝土冷却到 5℃后方可拆除。当混凝土与外界温差大于 20℃时，拆模后的混凝土表面应临时覆盖，使其缓慢冷却。

（5）砖胎模砌筑时，当气温在零度以上，普通黏土砖可适当浇水湿润，浇水不宜过多，且随浇随用，砖表面不得有游离水。

（6）砂浆采用普通硅酸盐水泥拌制，拌制砂浆的砂子不得含冰块或直径大于 1cm 的冻结块，石灰膏应防止冻结，如已冻结应经融化后使用。

（7）砌筑时不准随意往砂浆内加热水，砂浆应随拌随用，不要积存过多，以免冻结。

（8）当日施工完后，必须在表面覆盖保湿材料。

（9）做好防滑、防冻工作。

（10）现场内的各种材料、模板、乙炔瓶、氧气瓶等存放场地和乙炔集中站要符合安全距离要求。

6.7.2　雨季施工

如果工程主体施工阶段经历雨季，此期间施工中应做好以下几项工作。

（1）雨季施工主要解决好防雨、防风、防雷、防汛等问题。

（2）在现场临时道路周边开挖排水沟，确保排水顺畅。

（3）准备好塑料薄膜，必要时对混凝土及时加以覆盖，防止雨水直接冲刷混凝土表面。

（4）现场材料必须避免堆放在低洼处，要将材料垫高，周围应有畅通的排水沟，以防积水。

（5）施工机具要有防雨罩或置于遮棚内，电气设备的电线要悬挂固定，不得拖拉在地，下班后要拉闸断电。雨后要全面检查机械设备、用电及脚手架，发现问题及时处理。

（6）密切关注天气预报，风力在 8 级以上（含）和暴雨时应停止室外施工。

（7）对水泥库加强防雨措施，搅拌机要搭防雨棚。

（8）模板隔离剂在涂刷前要及时掌握天气预报，以防隔离层被雨水冲掉。

（9）装修工程施工时若正值雨季，要求有防雨措施，防止已装修的成品被雨淋坏。

（10）构件堆放场地、场内运输道路和塔吊道基要夯碾压实，并挖好排水沟，排水沟按 5‰放坡。

（11）机电线路闸箱要经常检修，下班后拉闸并锁好闸箱，做好环境保护及文明施工。

【分项训练】

（1）混凝土配料时如何进行施工配合比的换算？

（2）搅拌混凝土时有几种投料顺序？

（3）混凝土的搅拌时间如何确定？

（4）混凝土运输的基本要求有哪些？

（5）混凝土浇筑时应注意的事项有哪些？

（6）叙述混凝土振动密实的方法。

（7）混凝土的养护分类和注意事项有哪些？

项目 7 预应力混凝土工程

📑 项目分项介绍

随着经济和技术的高速发展，预应力混凝土的应用领域越来越广。本项目将对预应力混凝土知识进行单独讲解，以便于实际工作中的应用。

📋 目标要求

1. 了解预应力混凝土的基本原理及受力特点。
2. 了解夹具、锚具、张拉机具的构造及使用方法。
3. 掌握先张法的施工方法和施工工艺。
4. 掌握后张法的含义、施工工艺。

7.1 预应力混凝土的基本原理

为了避免钢筋混凝土结构的裂缝过早出现，充分利用高强度钢筋及高强度混凝土，可以设法在结构构件承受使用荷载前，预先对受拉区的混凝土施加压力，使它产生预压应力来减小或抵消荷载所引起的混凝土拉应力，从而将结构构件的拉应力控制在较小范围内，甚至使其处于受压状态。也就是借助混凝土较高的抗压能力来弥补其抗拉能力的不足，以推迟混凝土裂缝的出现和开展，从而提高构件的抗裂性能和刚度。这就是预应力混凝土的基本原理。

现以图 7.1 所示的简支梁为例，进一步说明预应力混凝土的基本原理。在构件承受使用荷载 q 以前，设法将钢筋拉伸一段长度，使其产生拉应力。将张拉后的钢筋设法固定在构件的两端，则相当于对构件两端施加了一对偏心压力，从而在受拉区建立起预压应力，如图 7.1（a）所示。当在梁上施加使用荷载 q 时，梁内将产生与预应力反向的应力，如图 7.1（b）所示。叠加后的应力如图 7.1（c）所示。显然，叠加后受拉区边缘的拉应力将小于由 q 在受拉区边缘引起的拉应力。若叠加后受拉区边缘的拉应力小于混凝土的抗拉强度，则梁不会开裂；若超过混凝土的抗拉强度，构件虽然开裂，但裂缝宽度较未施加预应力的构件小。

预应力的概念在生产和生活中应用颇广。盛水的木桶在使用前要用铁箍把木板箍紧，就是为了使木块受到环向预压力，装水后，只要由水产生的环向拉力不超过预压力，就不会漏水。与钢筋混凝土相比，预应力混凝土具有以下特点。

（1）构件的抗裂性能较好。

（2）构件的刚度较大。由于预应力混凝土能延迟裂缝的出现和开展，并且受弯构件要产生反拱，因而可以减小受弯构件在荷载作用下的挠度。

（3）构件的耐久性较好。由于预应力混凝土能使构件不出现裂缝或减小裂缝宽度，因而可以减少大气或侵蚀性介质对钢筋的侵蚀，从而延长构件的使用期限。

（4）可以减小构件截面尺寸，节省材料，减轻自重，既可以达到经济的目的，又可以扩大钢筋混凝土结构的使用范围，如可以用于大跨度结构，代替某些钢结构。

（5）工序较多，施工较复杂，且需要张拉设备和锚具等设施。

由于预应力混凝土具有以上特点，因而在工程结构中得到了广泛的应用。在工业与民用建筑中，屋面板、楼板、檩条、吊车梁、柱、墙板、基础等构配件，都可采用预应力混凝土制造。

需要指出，预应力混凝土不能提高构件的承载能力。也就是说，当截面和材料相同时，预应力混凝土与普通钢筋混凝土受弯构件的承载能力相同，与受拉区钢筋是否施加预应力无关。

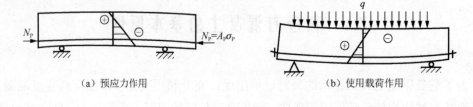

（a）预应力作用 （b）使用载荷作用

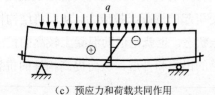

（c）预应力和荷载共同作用

图 7.1　预应力混凝土简支梁结构的基本原理

7.2　先张法预应力施工

施工准备如下。

1. 材料

预应力筋常用的有冷轧带肋钢筋、刻痕钢丝、钢铰线、冷拉Ⅱ、Ⅲ、Ⅳ级粗钢筋等，其规格品种、数量应符合设计要求和有关国家标准，有产品合格证、出厂检验报告，并应按现行国家标准《预应力混凝土用钢铰线》GB/T5224 等的规定进行力学性能检验，其质量必须符合有关标准的规定。

预应力筋所用夹具，常用的有锥销式锚具、夹片式锚具、螺丝端杆锚具等，其品种、质量应符合设计及技术规程要求，并按规定进行外观质量、硬度检验。应有出厂质量证明书和进场复试报告。

使用混凝土用水泥前，应对其品种、级别、出厂日期等进行检查，并对其强度、安定性及其他必要的性能指标进行复验。其质量必须符合国家标准的规定。

此外，先张法预应力施工的材料还包括电动螺杆张拉机、张拉千斤顶、高压油泵、压力表、钢丝应力测力仪、卷扬机、钢板尺等。

2. 施工流程

先张法预应力施工流程如图 7.2 所示。

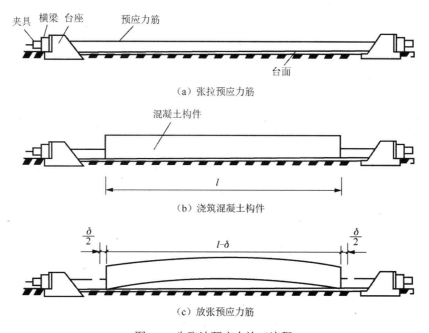

（a）张拉预应力筋

（b）浇筑混凝土构件

（c）放张预应力筋

图 7.2　先张法预应力施工流程

台座表面清理干净后涂刷隔离剂，但应避免选用油质类隔离剂，以防止污染预应力筋，影响黏结力。若遭受污染应使用适当的溶剂加以清洗。

预应力筋张拉控制应力应符合设计要求，当施工中预应力筋需要超张拉时，可比设计要求提高 5%，但其最大控制应力不得超过规范规定。预应力筋张拉程序应按设计规定进行，若设计无规定时，可采取下列程序之一。

- $0 \rightarrow 105\%\sigma_{con}$ 持荷 2min $\rightarrow \sigma_{con}$（锚固）。
- $0 \rightarrow 103\%\sigma_{con}$（锚固）。

其中，σ_{con} 为预应力筋张拉控制应力。

预应力筋放张时，混凝土强度应符合设计要求，当设计无具体要求时，不应低于设计的混凝土抗压强度标准值的 75%。

7.3　后张法预应力施工

后张法预应力混凝土施工工艺指的是先浇筑水泥混凝土，待达到设计强度的 75% 以上后再张拉预应力筋以形成预应力混凝土构件的施工方法。本工艺标准适用于一般工业与民用建筑现场预应力混凝土后张预应力液压张拉施工（不包括构件和块体制作）。在桥梁工程中主要适用于跨径较大的主梁的生产。

7.3.1　施工流程

（1）先制作构件，并在构件体内应设预应力筋的位置留出相应的孔道。

（2）等待构件的混凝土强度达到规定的强度（一般不低于设计强度标准值的 75%）。

（3）在预留孔道中穿入预应力筋进行张拉。预应力筋的张拉程序，应按设计规定进行，若设计无规定时，可采取下列程序之一。

- $0 \to 105\%\sigma_{con}$ 持荷 2min $\to \sigma_{con}$。
- $0 \to 103\%\sigma_{con}$（其中 σ_{con} 为预应力筋的张拉控制应力）。

（4）利用锚具把张拉后的预应力筋锚固在构件的端部，依靠构件端部的锚具将预应力筋的预张拉力传给混凝土，使其产生预压应力。

（5）最后在孔道中灌入水泥浆，使预应力筋与混凝土构件形成整体。

7.3.2　后张法的分类

后张法按预应力筋与混凝土的黏结形式分为如下几种。

1. 有黏结预应力混凝土

先浇筑混凝土，待混凝土达到设计强度的 75% 以上时，再张拉钢筋（钢筋束）。其主要张拉程序为：埋管制孔→浇筑混凝土→抽管→养护穿筋张拉→锚固→灌浆（防止钢筋生锈）。其传力途径是依靠锚具阻止钢筋的弹性回弹，使截面混凝土获得预压应力，这种做法使钢筋与混凝土结为整体，称为有黏结预应力混凝土。

有黏结预应力混凝土由于黏结力（阻力）的作用使得预应力钢筋拉应力降低，因此导致混凝土压应力降低，所以应设法减少这种黏结。这种方法设备简单，不需要张拉台座，生产灵活，适用于大型构件的现场施工。

2. 无黏结预应力混凝土

其主要张拉程序为预应力钢筋沿全长外表涂刷沥青等润滑防腐材料→包上塑料纸或套管（预应力钢筋与混凝土不产生黏结力）→浇筑混凝土养护→张拉钢筋→锚固。

施工时跟普通混凝土一样，将钢筋放入设计位置可以直接浇筑混凝土，不必预留孔洞，穿筋，灌浆，简化了施工程序，由于无黏结预应力有效预压应力增大，降低造价，适用于跨度大的曲线配筋的梁体。

当两端同时张拉一根预应力筋时，宜先在一端锚固，再在另一端补足张拉力后进行锚固。

【分项训练】

（1）简述与普通混凝土相比，预应力混凝土的特点。

（2）简述先张法预应力混凝土的主要施工工艺过程。

（3）简述后张法预应力混凝土的主要施工工艺过程。

（4）锚具和夹具有哪些种类？其适用范围如何？

项目8 砌筑工程

项目分项介绍

某院校食堂项目为三层框架结构，涉及的砌筑工程主要为填充墙砌体及构造柱等。本项目主要介绍多孔砖砌体、填充墙砌体、砌块砌体及砖混结构中的构造柱等的施工程序和方法。

目标要求

1. 了解砌筑工程的分类。
2. 熟悉砌体材料的一般要求。
3. 熟悉砌筑工程施工的基本内容和程序。
4. 掌握构造柱的作用及施工方法。

8.1 砌筑材料

砌筑工程所用材料主要是砖、砌块、石材及砌筑砂浆。砌体工程所用的材料在施工中应有产品的合格证书、产品性能检测报告，块材、水泥、钢筋、外加剂等应有材料主要性能的进场复验报告。严禁使用国家明令淘汰的材料。

8.1.1 块材

砌筑工程所用砖有烧结普通砖（图8.1）、烧结多孔砖、蒸压灰砂砖、蒸压粉煤灰砖（图8.2）等；砌块则有混凝土中小型砌块、加气混凝土砌块及其他材料制成的各种砌块；石材有毛石与料石。

砖、砌块及石材的强度等级必须符合设计要求。

常温下砌砖时，普通黏土砖、空心砖的含水率宜在10%～15%，一般应提前0.5～1天浇水润湿，避免砖吸收砂浆中过多的水分而影响黏结力，并可除去砖面上的粉末。但浇水过多会产生砌体走样或滑动。气候干燥时，小砌块、石料亦应先喷水润湿。但轻骨料混凝土砌块、灰砂砖、粉煤灰砖不宜浇水过多，其含水率控制在5%～8%为宜。砌块表面有浮水时，不得施工。

图 8.1 烧结普通砖

图 8.2 粉煤灰空心砖

　　施工所用的小砌块的产品龄期不应小于 28 天。工地上应保持砌块表面干净,避免黏结土、脏物。密实砌块的切割可采用切割机。

　　石砌体采用的石材应质地坚实,无风化剥落和裂纹现象。用于清水墙、柱表面的石材,还应色泽均匀。石材表面的泥垢、水锈等杂质,砌筑前应清理干净。

8.1.2 砂浆

　　砌筑砂浆有水泥砂浆(图 8.3)、石灰砂浆和混凝砂浆。砂浆种类选择及其等级应根据设计要求确定,砂浆的组成材料为水泥、砂、石灰膏、搅拌用水及外加剂等,施工时对它们的质量应予以控制。

图 8.3　水泥砂浆

水泥砂浆和混合砂浆可用于砌筑潮湿环境和强度要求较高的砌体,但对于基础一般只用水泥砂浆。石灰砂浆仅可用于干燥环境中及砌筑强度要求较高的砌体,不宜用于潮湿环境的砌体及基础,因为石灰属气硬性胶凝材料,在潮湿环境中,石灰膏不但难以硬结,而且会出现溶解流散现象。

水泥进场使用前,应分批对其强度、安定性进行复验。检验批次应以同一生产厂家、同一生产编号为一批。当在使用中对水泥质量有怀疑或水泥出厂超过三个月(快硬硅酸盐水泥超过一个月)时,应复查试验,并按其结果决定使用与否。不同品种的水泥不得混合使用。水泥砂浆的最少水泥用量不宜小于 200kg/m³。

砂浆用砂不得含有有害杂物。对于水泥砂浆和强度等级不小于 M5 的水泥混合砂浆,砂浆用砂的含泥量不应超过 5%;对于强度等级小于 M5 的水泥混合砂浆,砂浆用砂的含泥量不应超过 10%;人工砂、山砂及特细砂应经试配并能满足砌筑砂浆技术条件要求方可使用。

块状生石灰熟化成石灰膏时,应进行过滤,生石灰熟化时间不得少于 7 天;对于磨细的生石灰粉,其熟化时间不得小于 2 天。不得采用脱水硬化的石灰膏。消石灰粉不得直接使用于砌筑砂浆中。

拌制砂浆用水的水质应符合混凝土拌合用水标准。

在砂浆中掺有外加剂等时,对外加剂应进行检验和适配,符合要求后,方可使用。有机塑化剂应有砌体强度的检验报告。

砂浆的拌制一般用砂浆搅拌机,要求拌合均匀。自投料完成算起,对于水泥砂浆和水泥混合砂浆搅拌时间不得少于 2min;对于水泥粉煤灰砂浆和掺用外加剂的砂浆搅拌时间不得少于 3min;如掺用有机的塑化剂的砂浆,搅拌时间应为 3~5min。

为改善砂浆的保水性可掺入黏土、电石膏、粉煤灰等塑化剂。砂浆应随拌随用，水泥砂浆和水泥混合砂浆应分别在 3h 和 4h 内使用完毕；当施工期间最高气温超过 30℃，应分别在拌成 2h 和 3h 内使用完毕。对掺用混凝剂的砂浆，其使用时间可根据具体情况适当延长。

砂浆强度应以标准养护，龄期为 28 天的试块抗压试验结果为准。砂浆的强度等级必须符合设计要求。

砂浆稠度的选择主要根据墙体材料、砌筑部位及气候条件而定。一般砌筑实心砖墙和柱，砂浆的流动性宜为 70～100mm；砌筑平拱过梁、毛石及砌块流动性宜为 50～70mm；砌筑空心砖墙、柱流动性宜为 60～80mm。

本项目中，对砌体材料的要求如下所示。

四、砌体工程

内墙：

内墙为 200mm 厚粉煤灰砌块。

防火墙：采用 200mm 粉煤灰空心砌块墙砂石灌孔，耐火极限为 3.0h。

粉煤灰砌块主要物理性能：碳化系数为 0.8，软化系数为 0.75，冻融强度为 25%，冻融质量损失为 5%，且冻融循环 15 次强度无损失。

砌筑墙预留洞见建施和设备图；砌筑墙体预留洞过梁见结施说明。

预留洞及消火栓洞的封堵：混凝土墙留洞的封堵见结施说明，其他砌筑墙留洞待管道设备安装完，每边比洞口大 150mm。

变形缝处双墙留洞的封堵：应在双墙分别增设套管，套管与穿墙管之间根据情况用相应适合的材料进行嵌堵，防火墙上的留洞用岩棉条封堵；墙体后侧加设 50mm 岩棉。配电箱、消火栓及各洞口参见电施及设施图，洞口预留不得遗漏。

8.2　砖墙的砌筑及质量要求

8.2.1　施工工艺

砌砖施工通常包括抄平、放线、摆砖样、立皮数杆、挂准线、铺灰砌砖等工序。

1．抄平

砌砖墙前，先在基础面或楼面上按标准的水准点定出各层高，并用水泥砂浆或细石混凝土找平。

2. 放线（图 8.4）

建筑物底层墙身可按龙门板上轴线定位钉为准拉麻线，沿麻线挂下线锤，将墙身中心轴线放到基础面上，并据此墙身中心轴线为准弹出纵横墙身边线，并定出门窗洞口位置。为保证各楼层墙身轴线的重合，并与基础定位轴线一致，可利用预先引测在外墙面上的墙身中心轴线，借助于经纬仪把墙身中心轴线引测到楼层上去；或用线锤对准外墙面上的墙身中心轴线，从而向上引测。轴线的引测是放线的关键，必须按图纸要求尺寸用钢尺或皮尺进行校核。最后，按楼层墙身中心线弹出各墙边线，画出门窗洞口位置。

图 8.4　放线

3. 摆砖样（图 8.5）

按选定的组砌方法，在墙基顶面放线位置摆放砖样（生摆，即不铺灰），尽量使门窗垛的尺寸符合砖的模数，偏差较小时，可通过竖缝调整，以减小斩砖的数量，并保证砖及砖缝排列整齐、均匀，以提高砌砖效率。摆砖样在清水墙砌筑中尤为重要。

图 8.5　摆砖样

4. 立皮数杆（图8.6）

立皮数杆可以控制每皮砖砌筑的竖向尺寸，并使铺灰、砌砖的厚度均匀，保证砖皮水平。皮数杆上划有每皮砖和灰缝的厚度，以及门窗洞、过梁、楼板等的标高。它立于墙的转角处，其基准标高用水准仪校正。如墙的长度很大，可每隔10～20m再立一根。

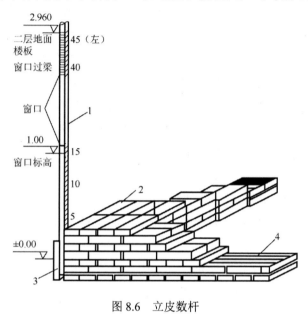

图8.6 立皮数杆

5. 铺灰砌砖

铺灰砌砖的操作方法很多，与各地区的操作习惯、使用工具有关。常用的有满刀灰砌筑法（也称提刀灰），夹灰器、大铲铺灰及单手挤浆法，铺灰器、灰瓢铺灰及双手挤浆法。砌砖宜采用"三一砌筑法"，即一铲灰、一块砖、一揉浆的砌筑方法。当采用铺浆法砌筑时，铺浆长度不得超过750mm，施工期间气温超过30℃时，铺浆长度不得超过500mm。实心砖砌体大都采用"一顺一丁"或"三顺一丁"或"梅花丁"的组砌方法，如图8.7所示。

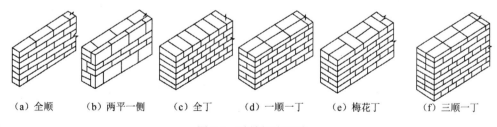

（a）全顺　　（b）两平一侧　　（c）全丁　　（d）一顺一丁　　（e）梅花丁　　（f）三顺一丁

图8.7 砖墙组砌方式

砖砌体组砌方法应正确，上、下错缝，内外搭砌，砖柱不得采用包心砌法。240mm厚承重墙的每层墙最上一皮砖或梁、梁垫下面，或砖砌体的台阶水平面上及挑出层，应整砖搭砌，多孔砖的孔洞应垂直于受压面砌筑。

砖砌通常先在墙角以皮数杆进行盘角，然后将准线挂在墙侧，作为墙身砌筑的依据，每砌一皮或两皮，准线向上移动一次。设置钢筋混凝土构造柱的砌体，应按先砌墙后浇注的施工程序进行。构造柱与墙体的连接处应砌成马牙槎，从每层柱脚开始，先退后进，每一马牙槎沿高度方向的尺寸不宜超过 300mm。沿墙角每 500mm 设 2 个 $\Phi6$ 拉结钢筋，每边深入墙内不宜小于 1m。预留伸出的拉结钢筋不得在施工中任意反复弯折，如有歪斜或弯曲，在浇灌混凝土之前，应校正到准确位置并绑扎牢固。

在浇灌砖砌体构造柱混凝土前，必须将砌体和模板浇水润湿，并将模板内的落地灰、砖渣和其他杂物清除干净。构造柱混凝土可分段浇灌，每段高度不宜大于 2m。在施工条件较好并能确保浇灌密实时，亦可每层浇灌一次。浇灌混凝土前，在结合面处注入适量水泥砂浆（与构造柱混凝土配比相同的去石子水泥砂浆），再浇灌混凝土。振捣时，振捣器应避免触碰砖墙，严禁通过砖墙传递振动。

填充墙、隔墙应分别采取措施与周边构建可靠连接。必须把预埋在柱中的拉结钢筋砌入墙内。拉结钢筋的规格、数量、间距、长度应符合设计要求。填充墙砌体留置的拉结钢筋或网片的位置应与块体皮数符合。拉结钢筋或网片应置于灰缝中，竖向位置偏差不应超过一皮高度。

填充墙砌至接近梁、底板时应留一定空隙，待填充墙砌筑完并应至少间隔 7 天后，再采用侧砖或立砖或砌块斜砌挤紧，其倾斜度宜为 70°左右。

8.2.2 砌筑质量要求

砌筑工程质量的基本要求是：横平竖直、砂浆饱满、灰缝均匀、上下错缝、内外搭砌、接槎牢固。

对砌砖工程，要求每一皮砖的灰缝横平竖直、厚薄均匀。由于砌体的重量主要通过砌体之间的水平灰缝传递到下面，水平灰缝不饱满往往会使砖块折断。为此，规定实心砖砌体水平灰缝的砂浆饱满度不得低于 80%。竖向灰缝的饱满程度影响砌体抗透风和抗渗水的性能。竖向灰缝不得出现透明缝、瞎缝和假缝。水平缝厚度和竖缝宽度规定为 10mm±2mm，过厚的水平灰缝容易使砖块浮滑，墙身侧倾；过薄的水平灰缝会影响砌体之间的黏结能力。砖砌体的位置及垂直度允许偏差应符合一定要求。

上下错缝是指砖砌体上下两皮砖的竖缝应当错开，以避免上下通缝。通缝是指砌体中，上下皮块材搭接长度小于规定数值的竖向灰缝。在垂直荷载作用下，砌体会由于"通缝"丧失整体性而影响砌体强度。同时，内外搭砌使同皮的里外砌体通过相邻上下皮的砖块搭砌而组砌得牢固。

"接槎"是相邻砌体不能同时砌筑而设置的临时间断，它可便于后砌砌体与先砌砌体间的接合。砖砌体的转角处和交接处应同时砌筑,严禁无可靠措施的内外墙分砌施工。对不能同时砌筑而又必须留置的临时间断处应砌成斜槎,斜槎水平投影长度不应小于高度的三分之二。

非抗震设防及抗震设防烈度为 6 度、7 度地区的临时间断处,当不能留斜槎时,除转角处外,可留直槎,但直槎必须制成凸槎。留直槎处应加设拉结钢筋,拉结钢筋的数量为不足 120mm 墙厚放置 1 Φ6 拉结钢筋(120mm 墙厚放置 2 Φ6 拉结钢筋),间距沿墙高不应超过 500mm;埋入长度从留槎处算起每边均不应小于 500mm,对抗震设防烈度为 6 度、7 度的地区,不应小于 1000mm;末端应有 90°弯钩。如图 8.8 所示。

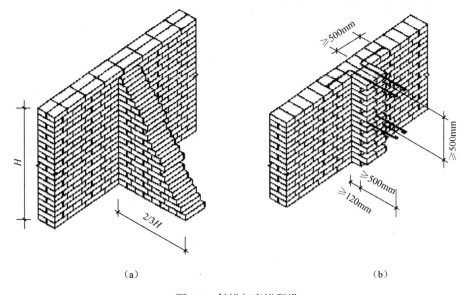

（a） （b）

图 8.8 斜槎与直槎留设

为使接槎牢固,后面墙体施工前,必须将留设的接槎处表面清理干净,浇水润湿,并填实砂浆,保持灰缝平直。

砖墙或砖柱顶面尚未安装楼板或屋面板时,如有可能遇到大风,其允许自有高度不得超过规定,否则应采取可靠的临时加固措施。

8.3 构 造 柱 的 施 工

8.3.1 工艺流程

构造柱的设置位置和截面尺寸须按设计要求,如图 8.9 所示。构造柱不单独承重,因此无须设独立的基础,其竖向钢筋下端应锚固于钢筋混凝土基础或基础梁内,上端与圈梁或上部其他混凝土构件连通。凸出屋顶的楼、电梯间,构造柱应伸到顶部,并与顶部圈梁连接。

在施工时必须先砌墙后浇筑混凝土,使柱与墙体紧密结合,共同工作,并用相邻的墙体作为一部分模板。构造柱的施工必须逐层进行,本层构造柱混凝土浇筑完毕后,才能进行上层的施工。

构造柱的工艺流程为:绑扎与安装柱钢筋笼→砌墙留马牙槎,随墙砌筑设水平拉结筋→支模→浇筑混凝土→养护、拆模。

图 8.9　构造柱

8.3.2　施工方法

1. 构造柱的钢筋绑扎与安装

构造柱竖向钢筋,应伸入室外地面下 500mm 或有埋深小于 500mm 的基础圈梁相连,锚固在基础圈梁上,锚固长度不应小于 35d(d 为竖向钢筋直径),并保证位置正确,顶部和楼层圈梁相连。竖向钢筋的接长,一般采用绑扎接头,搭接长度为 35d,绑扎接头处箍筋间距不应大于 200mm。楼层上下 450mm 及大于等于 1/6 层高范围内箍筋间距宜为 100mm。钢筋安装完毕后,必须根据构造柱轴线校正竖向钢筋位置和垂直度。

构造柱拉结钢筋在墙中的布置位置应正确,构造柱拉结筋在墙中的平面设置如图 8.10 所示。

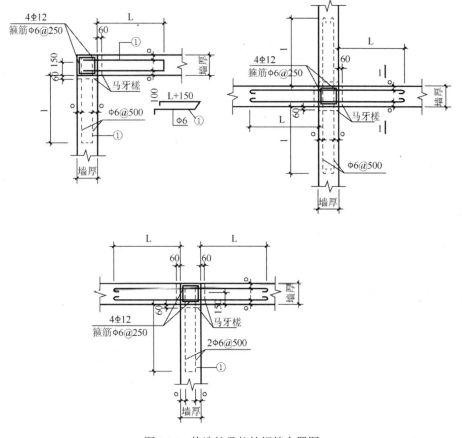

图 8.10　构造柱及拉结钢筋布置图

2. 砌墙留马牙槎

设水平拉结筋构造柱与墙连接处应砌成马牙槎，马牙槎从每层柱脚开始，先退后进，每一马牙槎沿高度方向的尺寸不宜超过 300mm。随墙的砌筑，沿高度方向 500mm 设 2 个 $\phi 6$ 水平拉结筋，每边伸入墙内不应少于 1m。预留的拉结筋应位置正确，施工中不得任意弯折。如图 8.11 所示。

3. 支模

本层砖墙砌筑完成后，支设本层构造柱模板。模板可采用木模板或定形组合钢模板。模板安装时拼板必须严密，与所在砖墙面紧贴，防止漏浆，并保证支撑牢靠。

支模方法是用木模或组合钢模板贴在墙面上，采用 $\phi 10$ 拉筋穿过砖墙和模板，将模板紧贴于墙上。拉筋穿墙的洞要预留，留洞位置要求从距地面 30cm 开始，每隔 0.5～1m 留一洞，洞的平面位置在构造柱马牙槎最宽处以外一个丁头砖处。为防止漏浆污染墙面，砖墙马牙槎两边可粘贴泡沫条密封。模板宽度一般为构造柱设计宽度加 20cm。丁头角模宽为墙侧边至马牙槎最宽处再加 5cm。模板根部应留置清扫口。

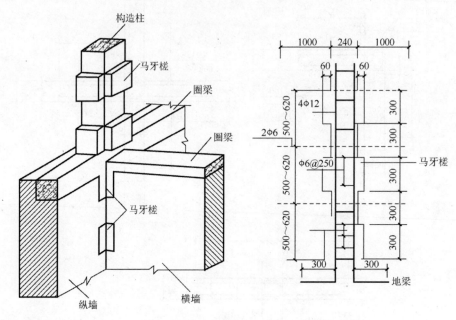

图 8.11　马牙槎及拉结钢筋布置图

4. 浇筑混凝土

浇筑构造柱混凝土之前，必须将砖墙和模板浇水润湿（若为钢模板则不浇水，改刷隔离剂），并将模板内的落地灰、砖渣和其他杂物清理干净，柱根部新旧混凝土交接处，须用水冲洗、润湿，宜先铺 10～20mm 厚与混凝土同配合比的水泥砂浆或减石子混凝土后再浇筑混凝土。混凝土浇筑应用插入式振动器，浇筑时，先将振捣棒插入柱底根部，使其振动再浇筑混凝土。应分层浇筑、振捣，每层厚度不超过 60cm 或不超过振动棒有效长度的 1.25 倍；边下料边振捣。振捣时，应避免振动棒触碰钢筋和砖墙，严禁通过砖墙传振，以免造成灰缝开裂。一般浇筑高度不宜大于 2m，如能确保浇筑密实，亦可每层一次浇筑。

5. 养护、拆模

混凝土浇筑完 12 小时内，应进行养护。构造柱的拆模应符合《混凝土结构工程施工质量验收规范》（GB 50204—2002）和《建筑工程冬期施工规程》（JGJ/T 104—2011）相关规定要求，混凝土强度能保证其表面的棱角不会因拆除模板而损坏，并满足同条件下试块抗压强度达到 1.2MPa，冬季施工达到 4MPa 的情况下方可拆除。

【分项训练】

（1）砂浆搅拌机搅拌砂浆一般为多长时间？

（2）试简述构造柱施工工艺流程。

（3）砖、砌块砌体工程转角处、交接处和施工临时洞口处留设临时间断时有何构造要求？

（4）构造柱的受力状态及作用是什么？

（5）构造柱拆模养护的要求是什么？

项目 9 防水工程

项目分项介绍

  防水是各类建筑的重要工程之一，不塌不倒、不渗不漏是房屋满足使用要求的最基本条件。建筑物一旦发生渗漏，直接影响人们的工作、学习和生活，影响环境质量，因而建筑防水技术对保证与发挥房屋建筑的使用功能具有不可低估的作用。

目标要求

1. 了解防水材料的分类及性能。
2. 掌握卷材防水的施工工艺。
3. 掌握涂膜防水的施工工艺。

9.1 建筑防水工程分类及功能

  建筑防水工程的分类，可按设防部位、设防方法、设防材料性能、设防材料的品种来划分。

9.1.1 按设防部位分类

  （1）屋面防水建筑物和构筑物的屋面。

  （2）卫生间与地面防水（卫生间、盥洗室、清洗室、开水间、楼面和地面的防水）。

  （3）地下建筑物的防水（地下室、地下管沟、地下铁道、隧道等）。

  （4）外墙面的防水（外墙立面、坡面及板缝防水）。

  （5）其他部位（如储水池、储液池、游泳池、水塔、水库、储油罐、储油池等）的防水。

9.1.2 按设防方法分类

  （1）采用各种防水材料进行复合防水。复合防水是《屋面工程质量验收规范乡》（GB 50207—2002）肯定的一种新型防水施工方法。在设防中采用多种不同性能的防水材料，利用各自具有的特性，在防水工程中复合使用，以发挥各种防水材料的优势，提高防水工程的整体性能，做到刚柔结合、多道设防、综合治理。例如，在节点部位，可用密封材料或性能各异的防水材料与大面积的一般防水材料配合使用，形成复合防水。

（2）采用一定形式或方法进行构件自防水，或结合排水进行防水。例如，地铁车站为防止侧墙渗水采用双层侧墙内衬墙（补偿收缩防水钢筋混凝土）；地铁车站为防止顶板结构产生裂纹而设置诱导缝和后浇带；为解决地铁结构漂浮而在底板下设置倒滤层（渗排水层）等。

9.1.3 按设防材料性能分类

1．刚性防水

（1）刚性防水屋面。刚性防水屋面在我国南方地区应用较多，常见的种类有普通细石混凝土屋面、补偿收缩混凝土屋面、预应力混凝土屋面、钢纤维混凝土屋面、块体刚性防水屋面、白灰炉渣屋面。

（2）块材防水屋面。块材防水屋面的类型比较复杂，其中有的是传统做法，块材防水屋面分为俯仰瓦屋面、平瓦屋面和波形瓦屋面。

（3）地下建筑防水。地下建筑防水包括钢筋混凝土自防水及防水砂浆等。

2．柔性防水

（1）卷材防水。卷材防水分为三大类：石油沥青卷材防水、高聚物改性沥青卷材防水、合成高分子卷材防水。根据其性能的不同，在每一类中又可以分为若干个系列。

（2）涂膜防水。涂膜防水按材料的液态类型可分为溶剂型、水乳型和反应型三种。按涂料成膜物质的主要成分可分为沥青类和合成高分子类。

9.1.4 按设防材料品种分类

（1）卷材防水。
（2）涂膜防水。
（3）密封防水材料分为改性沥青密封材料和合成高分子密封材料。
（4）混凝土自防水。
（5）粉状憎水材料防水。
（6）透剂防水，如用 M1500 渗透剂。

9.1.5 防水工程的功能

对不同部位的防水，其功能要求有所不同，建筑防水的目的是防止建筑物在合理使用年限内发生的雨水、生活用水、地下水的渗漏，影响正常的生活和使用，破坏室内装修，侵蚀结构，污染或损坏物件。由于水泥、混凝土会产生毛细孔、裂缝、小洞、间隙而成为水的通道。因此，在设计合理使用年限内，防水层不能出现微小的贯通防水层的裂缝、小洞和间隙。要满足上述要求，防水层必须能抵御大气、紫外线、臭氧带来的老化作用，耐酸碱的侵蚀，能承受由于各种变形所施加的反复疲劳拉、压和外力穿刺，保证防水层不受损坏而产生渗漏。

以下分别介绍各种部位防水的功能要求。

1. 屋面防水

屋面防水就是防止屋面上的雨水漏入室内。近几年对屋面还有综合利用的要求，如活动场所、停车场、屋顶花园、蓄水隔热、作为种植屋面等。这些屋面对防水层的要求更高。

2. 外墙面防水

外墙面防水是防止在风雨袭击下，雨水通过墙体渗透到室内。墙面是垂直的，雨水无法停留，但墙面有施工构造缝（大板墙接缝）、装饰线条、墙体饰面裂缝及毛细孔，雨水在风力作用下、产生渗透压力而进入室内。

3. 卫生间、车间防水

卫生间、车间防水是防止生活、生产用水和生活、生产污水渗漏到楼下，或通过隔墙渗入到其他房间。卫生间和某些车间管道多，设备也多，用水量集中，飞溅严重，酸碱液体也很多，有时不但要求防止渗漏，还要防止酸碱液体的侵蚀，尤其是化工生产车间。

4. 地下防水

建筑地下防水工程主要是地下室防水和地下管沟防水，它要求防止地下水的侵入。地下水不但具有较高动水压的特点，而且常常伴有酸碱等介质的侵蚀。地下建筑的结构以受力为主，但也具有防水功能，如普通防水混凝土，为避免地下水对结构的侵蚀，常采取排导，再填以密实黏土或灰土，减少动水压的渗透作用，再就是采用防水材料"外防"等多道设防措施，以提高防水能力和防水的可靠性。

5. 储水池、储液池防水

储水池、储液池防水是防止水或其他液体往外渗漏，设在地下的也要考虑地下水往里渗漏。所以除储水（液）池结构本身具有防水（液）能力外，一般将防水层设在内部，且要求使用的防水材料不会污染水质（液体）或不被储液所腐蚀，多采用无机材料，如聚合物砂浆等。

9.2　建筑工程防水材料

建筑物或构筑物使用防水材料，是为了满足防潮、防渗漏功能需要。随着现代科学技术的发展，性能各异的防水材料的品种越来越多。

9.2.1　沥青材料

沥青材料广泛应用于防水工程，同时又是各种改性材料的主要组成部分，它的性能直接关系到防水材料的质量。沥青材料是含有沥青成分的材料的总称，它是一种有机胶结材料，为多种高分子碳氢化合物及其金属衍生物组成的复杂混合物，其中碳的含量为80%～90%。常温下呈固体、半固体或黏性液体。颜色为黑色或黑褐色，具有良好的黏结性、塑性、不透水性及耐化学侵蚀性，并能抵抗大气的风化作用。在建筑工程中主要用于屋面、地下防水、车间耐腐蚀地面及道路路面等。此外，沥青材料还可以用来制造防水卷材、防水涂料、防水油膏、胶黏剂及防锈防腐涂料等，可以说它是建筑防水材料中的主体材料。

防水工程中使用的沥青必须具有其特定的性能。在低温条件下应有弹性和塑性，高温时要有足够的强度和稳定性，在使用条件下具有抗老化能力，与各种矿物料及基层表面有较强的黏附力，对基层变形具有一定的适应性和耐疲劳性。通常石油沥青加工制备的沥青不能全面满足上述要求，尤其是我国大多数由原油加工出来的沥青，如只控制了耐热性，其他方面就很难达到要求，由此必然影响以沥青为主要原料的防水材料的质量，因此对沥青必须进行改性处理。如氧化改性、硫化改性、聚合物改性。

聚合物的掺量对改性沥青的影响十分明显，一般掺量在 8%以上，混合物中的聚合物可能呈连续相，掺量大于 12%时聚合物的特性更为突出。通常将高掺量的沥青称为聚合物沥青。掺量低且性能改善幅度较小的沥青称为改性沥青。

聚合物改性沥青的特点如下。

（1）温度敏感性降低，塑性范围扩大，一般为−20～+100℃。橡胶含量在 10%以上时，塑性范围可达−20～+130℃。

（2）热稳定性提高，在 100℃ 下加热 2 小时不会产生软化和流淌现象。

（3）冷脆点降低，低温性能改善，不龟裂，低温下仍有较好的延伸性和柔韧性。

（4）弹性和伸长率提高，强度好、能抗冲击和耐磨损。

（5）耐久性好，橡胶沥青比纯沥青耐老化性至少提高 1 倍。

在聚合物改性的同时还要掺入矿物填充料（粉状或纤维状）以改善黏结力和耐热度。

9.2.2 防水卷材

防水卷材是建筑防水材料的重要品种之一，它占整个建筑防水材料中的 80%左右，1980 年以后，在使用传统纸胎沥青油毡的同时，我国科技工作者先后研制成功了耐老化性能好、拉伸强度高、伸长率大，对基层伸缩或开裂变形适应性强的三元乙丙橡胶防水卷材、氯化聚乙烯——橡胶共混防水卷材、氯磺化聚乙烯防水卷材、增强氯化聚乙烯防水卷材、聚氯乙烯防水卷材及 SBS 改性沥青防水卷材、APP 改性沥青防水卷材、再生橡胶改性沥青防水卷材、聚氯乙烯改性焦油沥青防水卷材等，与此同时，先后从西欧、日本和美国等地引进了 5 条生产合成摧分子防水卷材和 15 条生产高聚物改性沥青防水卷材的生产线和生产技术。到目前为止，据不完全统计，我国已能生产 100 多种不同档次的合成高分子防水卷材和高聚物改性沥青防水卷材产品。从此打破了我国传统的纸胎沥青防水卷材一统天下的局面，有力地促进了建筑防水新材料和新技术的研发与应用，满足了现代建筑防水工程发展的要求。

1. 防水卷材的要求和分类

要满足防水工程的要求，防水卷材必须具备以下性能。

（1）耐水性。耐水性即在水的作用和被水浸润后其性能基本不变，在水的压力下具有不透水性。

（2）温度稳定性。温度稳定性即在高温下不流淌、不起泡、不滑动，低温下不脆裂的性能，即指在一定温度变化下保持原有性能的能力。

（3）机械强度、延伸度和抗断裂性。机械强度、延伸度和抗断裂性即在承受建筑结构允许范围内荷载应力和变形条件下不断裂的性能。

（4）柔韧性。对于防水材料特别要求具有低柔韧性，保证易于施工，不脆裂。

（5）大气稳定性。大气稳定性即在阳光、热、氧气及其他化学侵蚀介质、微生物侵蚀介质等因素的长期综合作用下抵抗老化，抵抗侵蚀的能力。

2. 沥青防水卷材

沥青防水卷材俗称沥青油毡。它是用原纸、纤维织物、纤维毡、金属箔、合成膜胎体材料浸涂沥青，表面散布粉状、粒状或片状材料制成的可卷曲的片状防水材料。按不同的胎体材料大致分类为纸胎、纤维胎等。

3. 高聚物改性沥青防水卷材

以高分子聚合物改性沥青为涂盖层，纤维毡、纤维织物或塑料薄膜为胎体，粉状、粒状、片状或塑料膜为覆面材料制成的可卷曲的片状防水卷材，称为高聚物改性沥青防水卷材。国内主要几种高聚物改性沥青防水卷材介绍如下。

（1）塑性体沥青防水卷材（APP 防水卷材）。塑性体沥青防水卷材，是热塑性塑料（如 APP）改性沥青后的塑性体沥青，涂盖在经沥青浸渍后的胎基两面，在上表面撒以细砂、矿物粒（片）料或覆盖聚乙烯膜，下表面撒以细砂、矿物粒（片）或覆盖聚乙烯膜所制成的一种沥青防水卷材。通常以 APP 改性沥青油毡为典型产品。

（2）弹性体沥青防水卷材（SBS 卷材）。SBS 改性沥青防水卷材，属弹性体沥青防水卷材中有代表性的品种，系采用纤维毡为胎体，浸涂 SBS 改性沥青，上表面散布矿物粒、片料或覆盖聚乙烯膜，下表面散布细砂或覆盖聚乙烯膜所制成可卷曲的片状防水材料。

（3）聚氯乙烯改性煤沥青玻纤油毡。它系采用无纺玻纤毡为胎体，两面涂覆聚氯乙烯改性的煤沥青，并在油毡的上表面撒以不同颜色的砂粒料，下表面覆以聚氯乙烯薄膜作隔离材料制作的一种防水卷材。

（4）再生橡胶改性沥青防水卷材。再生橡胶改性沥青防水卷材，系采用聚酯纤维无纺布或原纸为胎体，浸涂再生橡胶改性沥青，表面涂、撒矿物粉、粒料或覆盖聚乙烯膜所制成的可卷曲片状防水材料。

（5）SBR 改性沥青防水卷材。SBR 改性沥青防水卷材，系采用玻纤毡或聚酯无纺布为胎体，浸涂 SBR 改性沥青，上表面散布矿物粒、片利或覆盖聚乙烯膜，下表面散布细砂或覆盖聚乙烯膜所制成的可卷曲片状防水材料。

（6）聚氯乙烯（PVC）改性煤焦油防水卷材。聚氯乙烯（PVC）改性煤焦油防水卷材，系采用原纸、纤维毡或纤维织物为胎体，浸涂 PVC 改性煤焦油，表面涂、撒矿物粉、颗粒或覆盖聚乙烯膜所制成的可卷曲片状防水材料。

4. 合成高分子防水卷材

合成高分子防水卷材系以合成橡胶、合成树脂或两者的共混体为基料，加入适量的化学助剂和填充料等，经混炼、压延或挤出等工序加工而制成的可卷曲的片状防水材料，称为合成高分子防水卷材。合成高分子卷材可分为加筋或不加筋两种。该卷材具有抗拉强度高，断裂伸长率大、抗撕裂强度高，耐热、耐低温性能好及耐腐蚀、耐老化、可冷施工等优良特性，是高档次防水卷材，也是我国今后要大力发展的新型防水材料。

9.2.3 防水涂料

防水涂料是一种流态或半流态物质，涂刷在基层表面，经溶剂或水分挥发，或组分间的化学反应，形成一定弹性的薄膜，使表面与水隔绝，起到防水、防渗、防潮作用。

1. 防水涂料的特点

（1）防水涂料在固化前呈黏稠状液体，因此，在施工时能满足各种复杂的屋面、地面、立面、阴阳角部位防水工程要求，能形成无接缝的、完整的防水膜。

（2）形成的防水膜具有良好的延伸性、耐水性和耐候性，能适应草层裂缝的微小变化。

（3）形成的防水膜层向重小，特别适用于轻型屋面等防水。

（4）安全性好，不必加热，冷施工即可。既减少环境污染，又便于操作，改善劳动条件。

（5）操作简便，施工进度快，可实行机械化施工。

（6）易于修补，可在渗漏处进行局部修补。它既是涂料，又是胶黏剂，对于基层裂缝施工缝、雨水斗及贯穿管周围等容易造成渗漏的部位，维修比较简单。

（7）价格相对低廉。

2. 乳化沥青防水涂料

乳化沥青是一种冷施工的防水涂料，系将石油沥青在乳化剂水溶液作用下，经搅拌机强烈搅拌而成，沥青在搅拌机的搅拌下，被分散成 $1 \sim 6 \mu m$ 的细小颗粒，并被乳化剂包裹起来形成悬浮在水中的乳化液。当该乳化液涂在基层上后，水分逐渐蒸发，沥青颗粒遂凝聚成膜，形成了均匀、稳定、黏结强度高的防水层。

乳化沥青按使用乳化剂的不同，可分为膨润土乳化沥青，石灰乳化沥青，皂液乳化沥青、石棉乳化沥青等多种。

3. 橡胶沥青防水涂料

橡胶沥青类防水涂料为高聚物改性沥青类的主要代表，其成膜物质中的胶黏材料是沥青和橡胶（再生橡胶或合成橡胶等）。该类涂料有溶剂型和水乳型两种类型，是以橡胶对沥青进行改性作为基础的。用再生橡胶进行改性，以减少沥青的感温性、增加弹性，改善低温下的脆性和抗裂性能；用氯丁橡胶进行改性，使沥青的气密性、耐化学腐蚀性、耐延燃性、耐光、耐气候性得到显著改善。

目前我国属于溶剂型橡胶沥青类防水涂料的品种有：氯丁橡胶沥青防水涂料、再生橡胶沥青防水涂料（包括胶粉沥青防水涂料）、丁基橡胶沥青防水涂料等。属于水乳型橡胶沥青类防水涂料的品种有：水乳型再生胶沥青防水涂料（包括 JG-2 型、SR 型、XL 型等多种牌号产品）、水乳型氯丁橡胶沥青防水涂料（包括各种牌号的阳离子型氯丁胶乳沥青防水涂料）、丁腈胶乳沥青防水涂料、丁苯胶乳沥青防水涂料、SBS 橡胶沥青防水涂料、阳离子水乳型再生胶氯丁胶沥青防水涂料（包括 YR 建筑防水涂料等产品）。

4. 高聚物改性沥青防水涂料

高聚物改性沥青防水涂料有 SBS 弹性沥青防水涂料和弹性沥青防水胶。

（1）SBS 弹性沥青防水涂料。SBS 弹性沥青防水涂料是以沥青、橡胶、合成树脂、SBS（苯乙烯—丁二烯—苯乙烯）等为基料，以多种配合剂为辅料，经过专用设备加工而成的，有水乳型和溶剂型两类。

SBS 是三元嵌段聚合物，是一种很受推崇的热塑性弹性体，在常温下是强韧的高弹性体，在高温下为接近线性聚合物的流体状态，因此以 SBS、橡胶与沥青制成的涂料具有韧性强、弹性好、耐疲劳，抗老化，防水性能优异等特点。高温不流淌，低温不腌裂，而且可冷施工，对环境适应性增。适用于各种建筑结构的屋面、墙体、厕浴间，地下室、冷库、桥梁、铁路路基、水池、地下管道等的防水、防渗、防潮、隔气等工程。

（2）弹性沥青防水胶。弹性沥青防水胶是以石油沥青、橡胶、合成树脂为基料，添加高分子材料而制成，是一种水乳型弹性防水涂料，通常与玻璃纤维布或无纺布组合成复合防水层。

该涂料的防水机理是沥青、橡胶和其他高分子材料均以很小的微粒分散在水中，这些微粒会随着水分的散发，而聚集在一起。由于高聚物的粒子很小，它与沥青微粒形成最密填充状态，当残余水分进一步散发后，在水的毛细管压力作用下。一部分微粒密集，一部分高聚物微粒发生塑性变形相互融接，形成均匀、富有弹性的无接缝涂膜层，从而大大提高了沥青防水胶的各项性能指标，避免了传统沥青油毡的热施工时易发生烫伤和引起火灾、严重污染环境的弊病，克服了沥青油毡材质对温度非常敏感易脆裂，抗裂性和延伸性能不好等缺陷。

9.3 建筑防水工程施工

建筑防水工程是保证建筑物（构筑物）的结构不受水的侵袭、内部空间不受水的危害的一项分部工程，建筑防水工程在整个建筑工程中占有重要的地位。建筑防水工程涉及建筑物（构筑物）的地下室、地面、墙身、屋顶等诸多部位，其功能就是要使建筑物或构筑物在设计的耐久年限内，防止雨水及生产、生活用水的渗漏和地下水的浸蚀，确保建筑结构、内部空间不受到污损，为人们提供一个舒适和安全的生活空间环境。其按材料分有卷材防水工程、涂膜防水工程等。

9.3.1 卷材防水工程设计与施工

卷材防水的施工目前类别有热施工工艺、冷施工工艺、机械固定工艺三大类。每种施工工艺有若干不同的施工方法，不同的施工方法又有不同的适用范围。因此，应根据不同的设计要求、材料情况、工程具体做法等选定合理的设计与施工。

1. 卷材防水层施工及技术要求

卷材防水层的铺贴方法有满粘法、空铺法、点粘法和条粘法四种。屋面防水层卷材铺贴方向，应根据屋面坡度及屋面工作条件选定，当屋面坡度小于 3%时，宜平行屋脊铺设，屋面坡度大于 15%时，宜垂直屋脊铺设。卷材的铺贴应遵循顺风向、顺水流的原则。

（1）严格按照现行国家技术标准（规范）选材。《屋面工程质量验收规范》（GB 50207—2002）明确规定了各类建筑屋面防水等级、防水层合理使用年限、选用材料和设防要求，设计方案时必须严格遵循本规范。此外，现行的标准设计图，通用图，也是作为防水设计和正确选用材料的依据。

（2）根据环境条件和使用要求，选择防水材料，确保合理使用年限。要根据屋面防水材料所处环境、暴露程度和屋面结构的情况，正确选用和合理使用卷材。例如，在热带、亚热带地区，最高气温较高，而最低温度在 0℃以上，宜选用耐热度较高（90℃以上）和柔性的 APP 改性沥青防水卷材等；而在寒冷地区，最高气温较低，最低温度可达−30℃左右，因此应选用柔性温度在−20℃以下的 SBS 改性沥青防水卷材及合成高分子防水卷材。屋面坡度大于 15%，且最高气温较高地区的屋面，应选用耐热度在 90℃以上的 APP 改性沥青防水卷材或合成高分子防水卷材等；对受震动易变形的屋面，应选用抗拉强度较高，伸长率较大的聚酯胎改性沥青防水卷材或合成高分子防水卷材等。

另外，当防水构造为外露屋面时，应选用耐紫外线，耐臭氧、耐热电化保持率高的合成高分子防水卷材或 APP 改性沥青防水卷材；当防水层上面为重物覆盖的上人屋面，种植屋面或蓄水屋面等时，选用耐磨、耐腐蚀的合成高分子卷材，如聚酯胎或玻璃纤维胎的高聚物改性沥青防水卷材。

（3）根据技术可行，经济合理原则选材。防水工程的投资额的多少是最后决定防水方案和选用防水材料的制约因素。因此，应综合考虑技术和经济两方面的因素，即在满足防水层合理使用年限的要求与防水材料选择的关系上，采取按质论价，优质优价的原则选定。

（4）正确掌握选用产品的标准与档次。新型防水材料产品按标准一般划分为不同档次，同时，不同厂家生产的相同的防水材料产品，也由于采用原材料和生产工艺的差异，存在产品质量性能档次高低问题。因此，在选择材料品种时，应多注意产品的等级及企业的资质等因素。

（5）多道设防、复合防水。屋面防水等级为 I、II 级的多道设防时，应采用多道卷材或卷材、涂膜、刚性防水复合使用，并应将耐老化、耐穿刺、抗拉强度较高的防水材料，置于防水层表面。防水等级为III级的一道防水时，在管根、水落口杯周围及泛水节点、卷材收头等易渗漏的薄弱环节，也应采用密封材料、防水涂料或卷材等组成多道设防的局部增强层，以达到提高防水工程质量和延长防水层使用年限的目的。

（6）防排接合。采取以防为主，以排为辅的做法，这是建筑防水设计的一项重要原则，屋面工程的防水设计，尤其是平屋面的防水设计，如果坡度设计不够或水落口布置部位不妥和数量不足，管径偏小，以及天沟、檐沟宽度不够，都会造成排水不畅，极易形成屋面局部积水。长期下去，防水层处于干湿、冻融交替作用之下，势必造成屋面防水层的破坏；由于屋面积水，也会引发墙面渗漏。

要使屋面系统具有良好的功能（隔热、保温、防水），基层结构与处理是一项很重要的内容。为了防止基层结构变形、胀缩对防水层的影响，设计中要注意做到以下几点。

（1）结构层宜采用现浇整体混凝土板，若采用预制装配式板材、轻质混凝土板材，则板缝应填嵌密实。

（2）在纬度 40° 以北且室内空气湿度大于 75% 的地区，或其他地区室内空气湿度常年大于 80% 时，保温屋面需设置隔气层。隔气层可采用气密性好的单层卷材或防水涂料，但不宜选用气密性装的水乳型涂料。

（3）在常年多雨潮湿地区、保温屋面的保温层和找平层干燥有困难时、宜采用排气屋面，找平层设置的分格缝可同时作为排气道。排气道应纵横连通，并与制气相通，排气孔可设在檐口下或屋面排气道交叉处。排气道的间距宜为 6m，按屋面面积每 36m 设置 1 个排气孔，并进行防水处理。

9.3.2 屋面卷材防水施工

1. 基本要求

1）基层、找平层

（1）屋面结构层为预制装配式混凝土板时，板缝应用 C20 细石混凝土嵌填密实，并宜掺加微膨胀剂；当板缝宽度大于 40mm 或上窄下宽时，板缝内应设置构造钢筋。

（2）找平层的强度、坡度和平整度对卷材防水层施工质量影响很大，因此必须压实平整。排水坡度必须符合规范规定。找平层平整度用 2m 直尺检查，最大空隙不应超过 5mm，且每米长度内不允许多于 1 处，同时要求在平缓变化采用水泥砂浆找平时，水泥砂浆抹平收水后应二次压光，不得有酥松、起砂、起皮现象。否则，必须进行修补。

（3）屋面基层与女儿墙、立墙、天窗壁、烟囱、变形缝等突出屋面接处，以及基层的转角处（各水落口、檐口、天沟、檐沟、屋脊等），均应做成圆弧半径。

（4）铺设防水层（或隔气层）前，找平层必须干净、干燥。检验干燥程度的方法为将 $1m^2$ 卷材干铺在找平层上，静置 3～4h 后掀开，覆盖部位与卷材上未见水印者为干燥、合格。

（5）基层处理剂（或冷底子油）的选用应与卷材的材性相容。基层处理剂可采用喷涂、刷涂施工，喷刷应均匀。待第一遍干燥后，再进行第二道喷刷，待最后一遍干燥后，方可铺贴卷材。

喷、刷基层处理剂前，应先在屋面节点、拐角、周边等处进行喷、刷。

2）施工顺序及铺贴方向

（1）卷材铺贴应采取"先高后低""先远后近"的施工顺序，即高低跨屋面，先铺高跨后铺低跨；等高大面积屋面，先铺离上料地点远的部位，后铺较近部位。这样可以避免因运送材料遭人员踩踏和损坏已铺屋面。

（2）卷材大面积铺设前，应先做好节点密封处理，附加层和屋面排水较集中部位（屋面与落水口连接处、檐口、天沟、檐沟、屋面转角处、板端缝等）的处理，分格缝的空铺条处理等，然后由屋面最低标高处向上施工。铺贴天沟，檐沟卷材时，宜顺天沟、檐沟方向铺贴，从落水口处向分水线方向铺贴，以减少搭接，如图9.1所示。

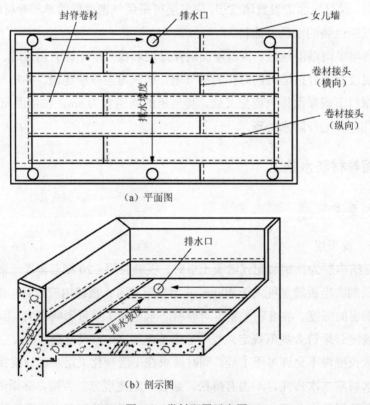

图 9.1　卷材配置示意图

（3）施工段的划分宜设在屋脊、天沟、变形缝等处。卷材铺贴方向应根据屋面坡度和屋面是否受震动来确定。当屋面坡度小于 3%时，卷材宜平行于屋脊铺贴；屋面坡度在 3%～15%时，卷材可平行或垂直于屋脊铺贴。

屋面坡度大于15%或受震动时，沥青防水卷材应垂直屋脊铺贴；高聚物改性沥青防水卷材和合成高分子卷材可平行或垂直屋脊铺贴，但上下层卷材不得相互垂直铺贴。

3）搭接方法、宽度和要求

（1）卷材铺贴应采用搭接法。各种卷材的搭接宽度应符合表 5-4 的要求，同时，相邻两幅卷材的接头还应相互错开 300mm 以上，以免接头处多层卷材相重叠而粘接不实。叠层铺贴，上下层两幅卷材的搭接缝也应错开 1/3 幅宽，如图 9.2 所示。

用高聚物改性沥青防水卷材点粘或空铺时，两头部分必须全粘 500mm 以上。

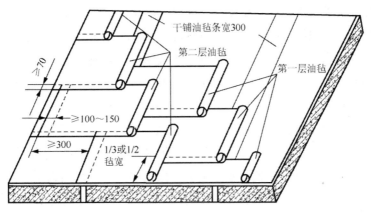

图 9.2 卷材水平铺贴搭接要求示意图

（2）高聚物改性沥青防水卷材与合成高分子防水卷材的搭接缝，宜用材性相容的密封材料封严。

（3）平行于屋脊的搭接缝，应顺水流方向搭接，垂直于屋脊的搭接缝应顺最大频率风向搭接。

（4）叠层铺设的各层卷材，在天沟与屋面的连接处，应采用叉接法拼接、搭接缝应错开；接缝宜留在屋面或天沟侧面，不宜留在沟底。

（5）铺贴卷材时，不得污染檐口的外侧和墙面。高聚物改性沥青防水卷材采用冷粘法施工时，搭接边部分应有多余的冷黏剂挤出；热熔法施工时，搭接边应溢出少许热熔沥青而形成一道沥青条。

2. 沥青防水卷材施工

沥青防水卷材一般仅适用于屋面工程做Ⅲ级防水的"三毡四油一砂"。防水层或Ⅳ级防水"二毡三油一砂"防水层。热粘贴施工方法可采用满粘法、条粘法和点粘法施工。

（1）铺贴沥青卷材防水层前，必须将基层的尘土杂物认真清扫干净，并要求基层干燥。

（2）为了提高沥青防水卷材与基层的粘接能力，宜在干净、干燥的基层表面上涂刷基层处理剂（冷底子油）。要求涂刷越薄越好，不得留有空白，切忌涂刷太厚。一般要涂刷两遍，第二遍涂刷必须在第一遍干燥后进行。

刷冷底子油可采用喷涂法或涂刷法。

涂刷冷底子油的时间宜在卷材铺贴前 1～2h 内进行，等其表干不粘手后即可铺贴卷材。

（3）为了便于掌握卷材铺贴方向、距离和尺寸，应在找平层上弹线并进行试铺工作，对于天沟、落水口、立墙转角、穿墙（板）管道处，应先进行裁剪工作。

（4）热粘贴卷材连续铺贴可采用浇油法、刷油法、刮油法和撒油法。一般多采用浇油法。即浇油者手提油壶，在铺贴卷材人的前方，向卷材的宽度方向左右蛇形浇油、浇油宽度比卷材每边少 10～20mn，不得浇油太多太长，边浇油边滚铺卷材，并使卷材两边有少量玛蹄脂挤出。铺贴卷材时，应沿基准线滚铺，以避免铺斜、扭曲等现象。

（5）粘贴沥青防水卷材，每层热玛蹄脂的厚度宜为 1～1.5mm；冷玛蹄脂厚度宜为 0.5～1.0mm。面层厚度：热玛蹄脂宜为 2～3mm；冷玛琦脂宜为 1～1.5mm。玛蹄脂应涂刮均匀、不得过厚或堆积。铺贴卷材时，应边刮涂玛蹄脂边铺贴卷材，并展平压实。

（6）在无保温层的装配式屋面上铺贴沥青防水卷材时，应先在屋面板的端缝处，空铺一条宽约 30mm 的卷材条，使防水层适应屋面板的变形，然后再铺贴屋面卷材。

（7）天沟、檐沟铺贴卷材应从沟底开始、纵向铺贴，如沟底边宽，纵向搭接缝必须用密封材料封口，以保证防水的可靠性。

（8）卷材端部收头常是防水层提早破损的一个部位，新规范要求卷材端头裁齐后压入预留的凹槽内，再用压条或垫片压紧钉压牢固，并用密封材料将端头封严，最后用聚合物砂浆将凹槽抹平，这样可以避免卷材端头翘边，起鼓。

（9）排气屋面施工时，应使排气道纵横贯通，不得堵塞。卷材铺贴时，应避免玛蹄脂流入排气道内。

采用条粘、点粘、空铺第一层卷材或打孔卷材时，在檐口、屋脊和屋面的转角处及突出屋面的连接处，卷材应满涂玛蹄脂，其宽度不得小于 800mm。

（10）保护层的作用为延长沥青卷材防水层的使用年限，在卷材防水层铺贴完成并经检验合格后，必须设置保护层。

另外应注意，冬季应尽量避免在低温条件下施工沥青卷材防水层。如需在低温下施工时，应采取相应的保暖措施。沥青防水卷材严禁在雨天、雪天施工。施工过程中如遇下雨时，应做好已铺卷材周边的封闭保护工作；5 级及 5 级以上的大风天，不得铺设防水卷材。

9.3.3　涂膜防水设计与施工

1. 防水涂料的特点

（1）防水涂料在固化前呈黏稠状液态。因此，施工时不仅能在水平面，而且能在立面、阴阳角及各种复杂表面，形成无接缝的完整的防水膜。

（2）使用时无须加热，既减少环境污染，又便于操作，改善劳动条件。

（3）形成的防水层自重小，特别适用于轻质屋面等的防水。

（4）形成的防水膜有较好的延伸性、耐水性和耐假性，能适应基层裂缝的微小变化。

（5）涂布的防水涂料，既是防水层的主体材料，又是胶黏剂，故粘接质量容易保证，维修也比较简便。尤其是对于基层裂缝、施工缝、雨水斗及贯穿管周围等一些容易造成渗漏的部位，极易进行增强涂刷、贴布等作业。

（6）施工时需采用刷子、刮板等逐层涂刷或涂刮，故防水膜的厚度很难做到像防水卷材那样均一，防水膜的质量易受到施工条件的影响。因此，选用防水涂料时，需认真了解材料的性质和特征、使用方法、最低单位面积用量和重复涂、刮的必要性，并且必须认真考虑防水层各个细部的增强处理。

2. 防水涂料施工分类

（1）按涂膜厚度可划分为薄质涂料施工和厚质涂料施工。

（2）按施工方法可分为涂刷法、喷涂法、抹压法和刮涂法。

（3）按防水层胎体可分为单纯涂膜层和加胎体增强材料涂膜（加玻璃丝布、化纤、聚酯纤维毡、无纺布）做成一布二涂、三布三涂、多布多涂的防水结构。

（4）按涂料类型可将涂料分为溶剂型、水乳型、反应型三种。

（5）按涂料成膜物质的主要成分可分为沥青基防水涂料，高聚物改性沥青防水涂料、合成高分子防水涂料三大类。

（6）按涂膜所起的作用可分为起防水层作用的涂料（主要有聚氨酯、氯丁胶、丙烯酸、硅橡胶、改性沥青）和起保护作用的涂料两大类。

3. 涂膜防水施工程序

涂膜防水施工顺序如图9.3所示。

4. 涂膜防水层施工要点

（1）涂刷基层处理剂。涂膜防水层施工前，应在基层上涂刷基层处理剂，其目的是堵塞基层毛细（管）孔，使基层的潮湿水蒸气不易向上渗透至防水层，减少防水层起鼓；增加基层与防水层的黏结力；将基层表面的尘土清洗干净，以便于粘接。所涂刷的基层处理剂可用防水涂料稀释后再使用。涂刷基层处理剂时应用力薄涂，使其渗入基层毛细孔中。

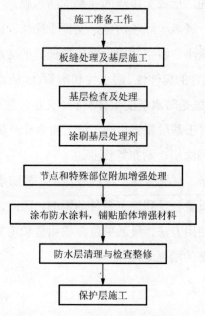

图 9.3 涂膜防水施工顺序

（2）准确计量，充分搅拌。对于多组分防水涂料，施工时应按规定的配合比准确计量，充分搅拌均匀，有的防水涂料，施工时要加入稀释剂、促凝剂或缓凝剂，以调节其稠度和凝固时间。掺入后必须充分搅拌，才能保证防水涂料技术性能达到工程的要求。特别是某些水乳型涂料，由于内部含有较多纤维状或粉粒状填充料，如搅拌不均匀。不仅涂布困难，而且会使没有拌匀的颗粒杂质残留在涂层中，成为渗漏的隐患。

（3）薄涂多遍。确保涂膜厚度是涂膜防水最主要的技术要求。过薄会降低整体防水效果，缩短防水层合理使用年限；过厚，将造成浪费。以前用涂刷遍数或每平方米涂料用量来要求涂膜防水层的质量，但是往往由于一些经济上的因素，使防水涂料中的固体含量大大减少，虽然做到规范规定的涂刷遍数或用量，但成膜的厚度并不厚，所以新规范中用涂膜厚度来评定防水层质量的技术指标。在涂料涂刷时，无论是厚质防水涂料还是薄质防水涂料均不得一次涂成，因为厚质涂料若是一次涂成，涂膜收缩和水分蒸发后易产生开裂，而薄质涂料很难一次涂成规定的厚度。因此，新规范规定，涂膜应根据防水涂料的品种分层分遍涂布，不得一次涂成，应待先涂的涂层干燥成膜后，方可涂刷后一遍涂料。

（4）铺设胎体增强材料。在涂料第二遍涂刷时，或第二道涂刷前，即可加铺胎体增强材料。胎体增强材料的铺贴方向应视屋面坡度而定。新规范中规定屋面坡度小于 15%时，可平行于屋脊铺设；屋面坡度大于 15%时，应垂直于屋脊铺设，其胎体长边搭接宽度不应小于 50mm，短边搭接宽度不应小于 70mm。

若采用两层胎体增强材料时，上、下层不得互相垂直铺设，搭接缝应错开，其间距不应小于幅宽的 1/3。

（5）涂料涂布方向、接槎。防水涂层涂刷致密是保证质量的关键。要求各遍涂刷方向应相互垂直，使上下涂层互相覆盖严密，避免产生直通的针眼气孔，提高防水层的整体性和均匀性。

涂层间的接槎，在每遍涂布时应退槎 50~100mm，接槎时也应超过 50~100mm，避免在接槎处涂层薄弱。发生渗漏。

（6）收头处理。在涂膜防水层的收头处应多遍涂刷防水涂料，或用密封材料封严。涂水处的涂膜宜直接涂布至女儿墙的压顶下，在压顶上部也应做防水处理，避免泛水处或压顶的抹灰层开裂，造成渗漏。

（7）涂布顺序合理。涂布时应按照"先高后低，先远后近"的原则。进行在相同高度的大面积涂刷，要合理划分施工段，分段应尽量安排在变形缝处，根据操作需要和方便运输安排先后次序，在每段中要先涂布较远的部分，后涂布较近部位。屋面上先涂布排水较集中的落水口、天沟、檐沟、再往高处涂布至屋脊或天窗下。

（8）加强成品保护。整个防水涂膜施工完后，应有一个自然养护时间。特别是由于涂膜防水层的厚度较薄，耐穿刺能力较弱，为避免人为的因素破坏防水涂膜的完整性，保证其防水效果，在涂膜实干前，不得在防水层上进行其他施工作业。涂膜防水层上不得直接堆放物品。

【分项训练】

（1）试述热熔法施工工艺。

（2）试述刚性防水的优点与缺点。

（3）地下常渗漏水的部位有哪些？

（4）试述外防外贴法施工工艺。

（5）卷材防水工程常见的质量事故有哪些？

项目 10 装 饰 工 程

项目分项介绍

沈阳职业技术学院新建餐饮服务实训中心项目工程，吊顶采用轻钢龙骨吊顶，搭载设备更便捷；外部墙体采用玻璃幕墙设计，外观美观且荷载较小；地面采用水磨石地面，便于使用中打扫和维护。装饰工程整体既满足功能要求又兼顾美观。

目标要求

1. 了解装饰工程各分项工程的应用范围。
2. 熟悉装饰工程各分项工程的工作原理。
3. 掌握装饰工程各分项工程的施工工艺。

10.1 一般抹灰工程

抹灰是将各种砂浆、装饰性石屑浆、石子浆涂抹在建筑物的墙面、顶棚、地面等表面上，除了保护建筑物外，还可以作为饰面层起到装饰作用。本餐饮服务实训中心项目中内墙面和外墙面抹灰做法均按本节施工。

10.1.1 抹灰工程的分类与组成

1. 分类

抹灰工程按使用材料和装饰效果分为一般抹灰和装饰抹灰。一般抹灰和装饰抹灰的底层和中层做法基本相同，主要区别在于面层不同。抹灰工程按照抹灰施工的部位分为室外抹灰和室内抹灰。抹灰一般分为三层，即底层、中层和面层，如图 10.1 所示。抹灰工程施工一般分层进行以利于抹灰牢固、抹面平整和保证质量。

（1）底层。底层主要起与基层粘接的作用，厚度一般为 5～9mm，要求砂浆有较好的保水性，其稠度较中层和面层大，砂浆的组成材料要根据基层的种类不同而选用相应的配合比。底层砂浆的强度不能高于基层强度，以免抹灰砂浆在凝结过程中产生较强的收缩应力，破坏强度较低的基层，从而产生空鼓、裂缝、脱落等质量问题。

（2）中层。中层起找平的作用，砂浆的种类基本与底层相同，只是稠度稍小，中层抹灰较厚时应分层，每层厚度应控制在 5～9mm。

（3）面层。面层主要起装饰作用，所用材料根据设计要求的装饰效果而定，要求涂抹光滑、洁净。

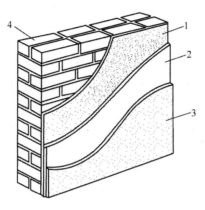

图 10.1　地基的基本组成

1—底层；2—中层；3—面层；4—砖墙

2. 抹灰层平均总厚度规范规定

（1）顶棚：板条、空心砖、现浇混凝土 15mm，预制混凝土 18mm，金属网 20mm。

（2）内墙：普通抹灰 18～20mm，高级抹灰 25mm。

（3）外墙：20mm，勒脚及凸出墙面部分 25mm。

（4）石墙：35mm。

（5）当抹灰厚度≥35mm 时，应采取加强措施。

涂抹水泥砂浆每遍厚度宜为 5～7mm；涂抹石灰砂浆和水泥混合砂浆每遍厚度宜为 7～9mm。

10.1.2　抹灰的基层处理

1. 墙面抹灰基层的处理

（1）抹灰前应对砖石、混凝土及木基层表面进行处理，清除灰尘、污垢、油渍和碱膜等，并洒水润湿。表面凹凸明显的部位，应事先剔平或用 1∶3 水泥砂浆补平，对于平整光滑的混凝土表面拆模时进行凿毛处理，或用铁抹子满刮水灰比为 0.37～0.4 水泥浆一遍，或用混凝土界面处理剂处理。

（2）抹灰前应检查门、窗框位置是否正确，与墙连接是否牢固。连接处的缝隙应用水泥砂浆或水泥混合砂浆分层嵌塞密实。

（3）凡室内管道穿越的墙洞和楼板洞，凿剔墙后安装的管道，墙面的脚手孔洞均应用 1∶3 水泥砂浆填嵌密实。

（4）不同基层材料（如砖石与木、混凝土结构）相接处应铺钉金属网并绷紧牢固，金属网与各结构的搭接宽度从相接处起每边不少于 100mm。

（5）为控制抹灰层的厚度和墙面的平整度，在抹灰前应先检查基层表面的平整度，并用与抹灰层相同砂浆设置 50mm×50mm 的灰饼。

（6）抹灰工程施工前，对室内墙面、柱面和门洞的阳角，宜用 1∶2 水泥砂浆制成暗护角，如图 10.2 所示，其高度不低于 2m，每侧宽度不少于 50mm。对外墙窗台、窗楣、雨篷、阳台、压顶和凸出腰线等，上面应制成流水坡度，下面应设滴水线或滴水槽，滴水槽的深度和宽度均不应小于 10mm，要求整齐一致。

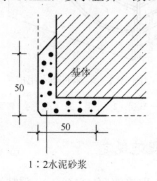

图 10.2 护角示意图

2. 顶棚抹灰基层的处理

钢模现浇混凝土顶棚拆模后，构件表面较为光滑、平整，并常黏附一层隔离剂。当隔离剂为滑石粉或其他粉状物时，应先用钢丝刷刷除，再用清水冲干净，当隔离剂为油脂类时，先用浓度为 10%的大碱溶液洗刷干净，再用清水冲洗干净。如图 10.3 所示。

图 10.3 清理表面隔离剂

10.1.3 一般抹灰施工

一般抹灰施工过程为：浇水润湿基层、做灰饼、设置标筋、阳角护角、抹底层灰、抹中层灰、抹面层灰、清理 8 个步骤。

为有效地控制墙面抹灰层的厚度与垂直度，使抹灰面平整，抹灰层涂抹前应设置标筋作为底、中层抹灰的依据。

在设置标筋时，先用托线板检查墙面的平整垂直程度，据以确定抹灰厚度，再在墙两边上角离阴角边 100～200mm 处按抹灰厚度用砂浆做边长约 50mm 正方形标准块，称为"灰饼"，然后根据这两个灰饼吊挂垂直线，做墙面下角的两个灰饼，随后以上角和下角两灰饼面为基准拉线，每隔 1.2～1.5m 加做若干灰饼，如图 10.4 所示。在上下灰饼之间用砂浆抹上一条宽 100mm 左右的垂直灰埂，此即为标筋，以它作为抹底层及中层的厚度、控制和赶平的标准，如图 10.5 所示。

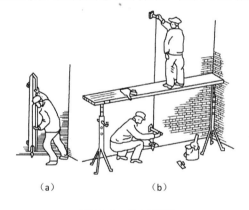

（a）　　　　　　　（b）

图 10.4　做灰饼图

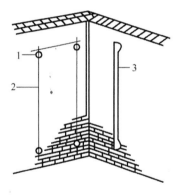

图 10.5　设标筋

1. 抹灰工程的技术要点

（1）墙面抹灰。待标筋砂浆七至八成干后，就可以进行底层砂浆抹灰。

抹底层灰一般应从上向下进行，在两标筋之间的墙面砂浆抹满后，即用长刮尺两头靠着标筋，从下向上进行刮灰，使抹上的底层灰与标筋面相平。再用木抹来回抹压，去高补低，最后再用铁抹压平一遍。

中层砂浆抹灰应待水泥砂浆（或水泥混合砂浆）底层凝结后或石灰砂浆底层灰七八成干后方可进行，一般应从上向下、自左向右涂抹，不用再设标志及标筋，整个墙面抹满后，用木抹来回搓抹，去高补低，再用铁抹压抹一遍，使抹灰层平整、厚度一致。

面层灰应待中层灰凝固后才能进行。一般应从上向下、自左向右涂抹整个墙面，抹满后，即用铁抹分遍压抹，使面层灰平整、光滑，厚度一致。

两墙面相交的阴角、阳角抹灰方法，一般按下述步骤进行。

① 用阴角方尺检查阴角的直角度。

② 将底层抹于阴角处，用木阴角器压住抹灰层并上下搓动，使阴角的抹灰基本上达到直角。

③ 将底层灰抹于阳角处，用木阳角器压住抹灰层并上下搓动、抹压，使阳角线垂直。

④ 在阴角、阳角处底层灰凝结后，分别用阴角抹、阳角抹上下抹压，使中层灰达到平整光滑。

（2）顶棚抹灰。钢筋混凝土楼板下的顶棚抹灰，应待上层楼板地面面层完成后才能进行。板条、金属网顶棚抹灰，应待板条、金属网装钉完成，并经检查合格后，方可进行。

顶棚抹灰不用设标志、标筋，只要在顶棚周围的墙面弹出顶棚抹灰层的面层标高线，顶棚抹灰宜从房间里面开始，向门口进行，最后从门口退出。应搭设满堂里脚手架。抹底层灰前，应扫尽钢筋混凝土楼板底的浮灰、砂浆残渣，去除油污及隔离剂剩料，并喷水润湿楼板底。抹面层灰时，铁抹抹压方向宜平行于房间进光方向。面层灰应抹得平整、光滑，不见抹印。

顶棚抹灰应待前一层灰凝结后才能抹上后一层灰，不可紧接进行。

2. 检测手段与方法

抹灰工程作业前，应检查材料的质量证明文件保证材料合格。对完成的抹灰工程检测方法主要有：观察法、手摸检查、小锤锤击、尺量检查、角尺检查等。

10.2　饰　面　工　程

饰面工程是指将块料面层镶贴或安装在墙、柱表面以形成装饰层。块料面层的种类基本可分为饰面砖和饰面板两大类。饰面砖分为有釉和无釉两种，饰面板包括天然石饰面板、人造石饰面板、金属饰面板、玻璃饰面板、木质饰面板等。

10.2.1　花岗石板、大理石板等饰面面板的施工

1. 湿法铺贴工艺

湿法铺贴工艺是传统的铺贴方法，即在竖向基体上预挂钢筋网，如图 10.6 所示，用铜丝或镀锌钢丝绑扎板材并灌水泥砂浆粘牢。这种方法的优点是牢固可靠；缺点是工序烦琐，卡箍多样，板材上钻孔易损坏，特别是灌注砂浆易污染板面和使板材移位。

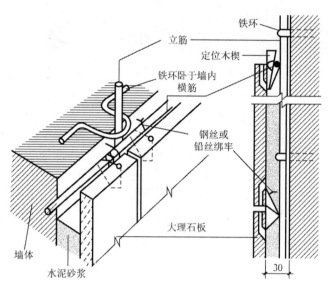

图 10.6　饰面板钢筋网片固定及安装方法

2．干法铺贴工艺

干法铺贴工艺，通常称为干挂法施工，即在饰面板材上直接打孔或开槽，把各种形式的连接件与结构基体用膨胀螺栓或其他架设金属连接而无须灌注砂浆或细石混凝土。饰面板与墙体之间留出 40～50mm 的空腔。如图 10.7 和图 10.8 所示。

干法铺贴工艺的主要优点是：允许产生适量的变位，而不致出现裂缝和脱落；冬季照常可以施工，不受季节限制；没有湿作业的施工条件，既改善了施工环境，也避免了浅色板材透底污染的问题及空鼓、脱落等问题的发生；可以采用大规格的饰面石材铺贴，从而提高了施工效率；可自上而下拆换、维修，无损于板材和连接件，使饰面工程拆改返修方便；具有保温和隔热作用，节能效果显著。

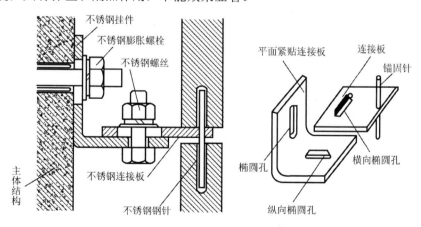

图 10.7　石材饰面板干挂法

图 10.8　花岗石板材干挂法施工

10.2.2　金属饰面板的施工

饰面工程中金属饰面板应用以不锈钢饰面板较多。不锈钢饰面板主要用于墙柱面装饰，具有强烈的金属质感和抛光的镜面效果，而且在强度和刚度方面更显优越。

1. 圆柱体不锈钢包面焊接工艺

施工工艺主要包括柱体成型、柱体基层处理、不锈钢板的滚圆、不锈钢板的定位安装、焊接、打磨修光。

2. 圆柱体不锈钢板镶包饰面施工

不锈钢板的安装关键在于对口处理的好坏，其方式包括以下两种。

（1）直接卡口式安装。在两片不锈钢板对口处安装一个不锈钢卡口槽，将其用螺钉固定于柱体骨架的凹部。安装不锈钢包柱板时，将板的一端折弯后勾入卡口槽内；再用力推按板的另一端，利用板材本身的弹性使其卡入另一卡口槽内，即完成了不锈钢板包柱的安装。

（2）嵌槽压口式安装。先把不锈钢板在对口处的凹部用螺钉或铁钉固定，再将一条宽度小于接缝凹槽的木条固定于凹槽中间，两边空出的间隙相等，均宽为 1mm 左右。在木条上涂刷万能胶或其他黏结剂，即在其上嵌入不锈钢槽条。不锈钢槽条在嵌前应用酒精或汽油等将其内侧清洁干净，而后刷涂一层胶液。

3. 施工中的质量要求和注意事项

（1）嵌槽压口安装的要点是木条的尺寸与形状的准确。

（2）在木条安装前应先与不锈钢槽条试配。木条的高度，一般不大于不锈钢槽条的槽内深度 0.5mm。

（3）如柱体为方柱时，应根据圆柱断面的尺寸确定圆形木结构"柱胎"外周直径和柱高，然后用木龙骨和胶合板在混凝土方柱支设圆形柱，再进行不锈钢饰面施工。

10.3 门 窗 工 程

门窗按材料分为木门窗、钢门窗、铝合金门窗和塑料门窗、塑钢门窗四大类。木门窗、钢门窗应用最早且最普通，随着材料的更新和发展，越来越多地被铝合金门窗和塑料门窗、塑钢门窗所代替。

10.3.1 木门窗的施工

木门窗的安装一般有立框安装和塞框安装两种方法。

1. 立框安装

在墙砌到地面时立门樘，砌到窗台时立窗樘。立框时应先在地面（或墙面）画出门（窗）框的中线及边线，而后按线将门窗框立上，用临时支撑撑牢，并校正门窗框的垂直度及上、下槛水平，如图 10.9 所示。

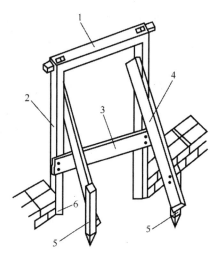

图 10.9　立框安装

2. 塞框安装

塞框安装是在砌墙时先留出门窗洞口，然后塞入门窗框，洞口尺寸要比门窗框尺寸每边大 20mm。门窗框塞入后，先用木楔临时塞住，要求横平竖直。校正无误后，将门

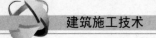

窗框钉牢在砌于墙内的木砖上。

3. 门窗扇的安装

安装前要先测量一下门窗樘洞口净尺寸，根据测得的准确尺寸来修刨门窗扇，扇的两边要同时修刨。门窗扇安装时，应保持冒头、窗芯水平，双扇门窗的冒头要对齐，开关应灵活，但不准出现自开或自关的现象。

4. 玻璃安装

清理门窗裁口，在玻璃底面与门窗裁口之间，沿裁口的全长均匀涂抹 1~3mm 的底灰，用手将玻璃摊铺平正，轻压玻璃使部分底灰挤出槽口，待油灰初凝后，顺裁口刮平底灰，然后用 1/3~1/2 寸的小圆钉沿玻璃四周固定玻璃，钉距 200mm，最后抹表面油灰即可。油灰与玻璃、裁口接触的边缘平齐，四角呈规则的八字形。

10.3.2　铝合金门窗的施工

铝合金门窗是用经过表面处理的型材，通过下料、打孔、铣槽、攻丝和制窗等加工过程而制成的门窗框料构件，再与连接件、密封件和五金配件一起组装而成。其安装要点如下。

1. 弹线

在结构施工期间，应根据设计将洞口尺寸留出。门窗框加工的尺寸应比洞口尺寸略小，门窗框与结构之间的间隙，应视不同的饰面材料而定。

弹线时应注意如下几方面：同一立面的门窗在水平与垂直方向应做到整齐一致；安装前，应先检查预留洞口的偏差；对于尺寸偏差较大的部位，应剔凿或填补处理；在洞口弹出门、窗位置线；安装前一般是将门窗立于墙体中心线部位；也可将门窗立在内侧；门的安装，需注意室内地面的标高；地弹簧的表面，应与室内地面饰面的标高一致。

2. 门窗框就位和固定

按弹线确定的位置将门窗框就位，先用木楔临时固定，拉通线进行调整，待检查立面垂直、左右间隙、上下位置等符合要求后，按设计规定的门窗框与墙体或预埋件的连接固定方式进行射钉、焊接固定。

3. 填缝

铝合金门窗安装固定后，应按设计要求及时处理窗框与墙体缝隙。

4. 门、窗扇安装

平开窗的窗扇安装前应先固定窗，再将窗扇与窗铰固定在一起；推拉式门窗扇，应先装室内侧门窗扇，后装室外侧门窗扇；固定扇应装在室外侧，并固定牢固，确保使用安全。

5. 安装玻璃

平开窗的小块玻璃用双手操作就位。若单块玻璃尺寸较大，可使用玻璃吸盘就位。玻璃就位后，即以橡胶条固定。

6. 清理

铝合金门窗交工前，将型材表面的保护胶纸撕掉，用香蕉水清理胶迹，擦净玻璃。

10.3.3 塑钢门窗的施工

塑料门窗是常见的一种门窗，在型材生产过程中内含了型钢，即塑钢门窗。其具有铝合金门窗的外观美，又具备钢窗的强度。安装要点如下。

（1）塑料门窗在安装前，先装五金配件及固定件。

（2）与墙体连接的固定件应用自攻螺钉等紧固于门窗框上。将五金配件及固定件安装完工并检查合格的塑料门窗框，放入门窗口内，调整至横平竖直后，用木楔将塑料框四角塞牢进行临时固定，但不宜塞得过紧以免外框变形。然后用尼龙胀管螺栓将固定件与墙体连接牢固。

（3）塑料门窗框与门窗口墙体的缝隙，用软质保温材料填充饱满，不得填塞过紧，但也不能填塞过松。最后将门窗框四周的内外接缝用密封材料嵌缝严密。

窗的开启方式如图 10.10 所示。

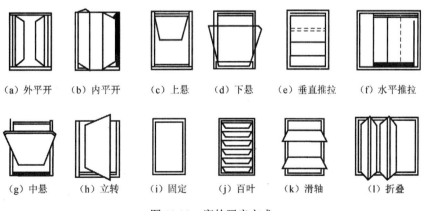

（a）外平开　　（b）内平开　　（c）上悬　　（d）下悬　　（e）垂直推拉　　（f）水平推拉

（g）中悬　　（h）立转　　（i）固定　　（j）百叶　　（k）滑轴　　（l）折叠

图 10.10　窗的开启方式

门的开启方式如图 10.11 所示。

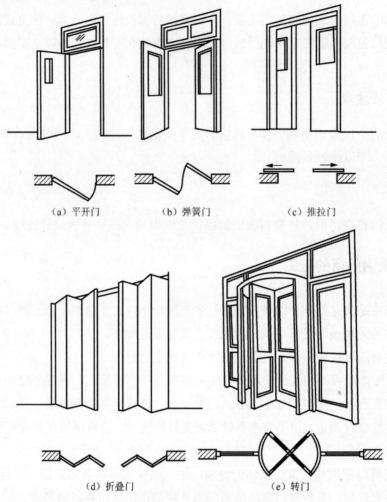

(a) 平开门　　　(b) 弹簧门　　　(c) 推拉门

(d) 折叠门　　　　　(e) 转门

图 10.11　门的开启方式

10.4　涂料及刷浆工程

10.4.1　涂料工程

涂料主要由胶黏剂、颜料、溶剂和辅助材料等组成。涂料按装饰部位不同分为内墙涂料、外墙涂料、顶棚涂料、地面涂料；按成膜物质不同分为油性涂料（也称油漆）、有机高分子涂料、无机高分子涂料、有机无机复合涂料；按涂料分散介质不同分为溶剂型涂料、水性涂料、乳液涂料（乳胶漆）。下面主要介绍建筑涂料和油漆的施工。

1. 基层处理

基层处理的工作内容包括基层清理和基层修补。

（1）混凝土及抹灰面的基层处理：为保证涂膜能与基层牢固地粘接在一起，基层表面必须干燥、洁净、坚实，无酥松、脱皮、起壳、粉化等现象，基层表面的泥土、灰尘、污垢、黏附的砂浆等应清理干净，酥松的表面应予以铲除。

（2）木材与金属基层的处理及打底子：为保证涂抹与基层粘接牢固，木材表面的灰尘、污垢和金属表面的油渍、鳞皮、锈斑、焊渣、毛刺等必须清除干净。木料表面的裂缝等在清理和修整后应用石膏腻子填补密实、刮平收净，并用砂纸磨光以使表面平整。木材基层的缺陷处理好后表面上应打底子。金属表面应刷防锈漆，木基层含水率不得大于12%。

2. 刮腻子与磨平

基层必须刮腻子数遍予以找平，并在每遍所刮腻子干燥后用砂纸打磨，以保证基层表面平整光滑。基层腻子应平整、坚实、牢固，无粉化、起皮和裂缝。

3. 涂料施涂

施涂的基本方法：有刷涂、滚涂、喷涂、刮涂和弹涂。

（1）刷涂。它是用油漆刷、排笔等将涂料刷涂在物体表面上的一种施工方法。此法操作方便、适应性广，除极少数流平性较差或干燥太快的涂料不宜采用外，大部分薄涂料或云母片状厚质涂料均可采用。刷涂顺序是先左后右、先上后下、先边角后大面、先难后易。

（2）滚涂（或称辊涂）。它是利用滚筒（或称辊筒、涂料辊）蘸取涂料并将其涂布到物体表面上的一种施工方法。

（3）喷涂。它是利用压力或压缩空气将涂料涂布于物体表面的一种施工方法。涂料在高速喷射的空气流带动下，呈雾状小液滴喷到基层表面上形成涂层。喷涂的涂层较均匀，颜色也较均匀，施工效率高，适用于大面积施工。可使用各种涂料进行喷涂，尤其是外墙涂料用得较多。

（4）刮涂。它是利用刮板将涂料厚浆均匀地刮涂于饰涂面上，形成厚度为1～2mm的厚涂层。其常用于地面厚层涂料的施涂。

（5）弹涂。它是利用弹涂器通过转动的弹棒将涂料以圆点形状弹到被涂面上的一种施工方法。

10.4.2 刷浆工程

1. 刷浆的材料

刷浆所用材料主要是指石灰浆、水泥色浆、大白浆和可赛银浆等，石灰浆和水泥浆可用于室内外墙面，大白浆和可赛银浆只用于室内墙面。

（1）石灰浆。石灰浆用生石灰块或淋好的石灰膏加水调制而成，可在石灰浆内加 0.3%～0.5% 的食盐或明矾，或 20%～30% 的 108 胶，目的在于提高其附着力。如需配色浆，应先将颜料用水化开，再加入石灰浆内拌匀。

（2）水泥色浆。由于素水泥浆易粉化、脱落，一般用聚合物水泥浆，其组成材料有白水泥、高分子材料、颜料、分散剂和憎水剂。高分子材料采用 108 胶时，一般为水泥用量的 20%。分散剂一般采用六偏磷酸钠，掺量约为水泥用量的 1%，或木质素磺酸钙，掺量约为水泥用量的 0.3%，憎水剂常用甲基硅醇钠。

（3）大白浆。大白浆由大白粉加水及适量胶结材料制成，加入颜料，可制成各种色浆。胶结材料常用 108 胶（掺入量为大白粉的 15%～20%）或聚醋酸乙烯液（掺入量为大白粉的 8%～10%），大白浆适于喷涂和刷涂。

（4）可赛银浆。可赛银浆是由可赛银粉加水调制而成的。可赛银粉由碳酸钙、滑石粉和颜料经过研磨，再加入干酪素胶粉等混合配制而成。

2. 施工工艺

（1）基层处理和刮腻子。刷浆前应清理基层表面的灰尘、污垢、油渍和砂浆流痕等。在基层表面的孔眼、缝隙、凸凹不平处应用腻子找补并打磨齐平。

对室内中、高级刷浆工程，在局部找补腻子后，应满刮 1～2 道腻子，干后用砂纸打磨表面。大白浆和可赛银粉要求墙面干燥，为增加大白浆的附着力，在抹灰面未干前应先刷一道石灰浆。

（2）刷浆。刷浆一般用刷涂法、滚涂法和喷涂法施工。其施工要点同涂料工程的涂饰施工。聚合物水泥浆刷浆前，应先用乳胶水溶液或聚乙烯醇缩甲醛胶水溶液润湿基层。室外刷浆在分段进行时，应以分格缝、墙角或落水管等处为分界线。同一墙面应用相同的材料和配合比，浆料必须搅拌均匀。

10.5 吊顶与隔墙工程

吊顶是指采用悬吊方式，采用龙骨杆件作为骨架结构，同时配合紧固措施将装饰顶棚支撑于屋顶或楼板下面。吊顶主要由支撑、基层和面层三部分组成。

10.5.1 吊顶的构造组成

1. 支撑

吊顶支撑由吊杆（吊筋）和主龙骨组成。

（1）木龙骨吊顶的支撑。木龙骨吊顶的主龙骨又称为大龙骨或主梁，传统木质吊顶的主龙骨，多采用 50mm×70mm～60mm×100mm 方木或薄壁槽钢、L60mm×6mm～L70mm×7mm 角钢制作。主龙骨一般用 8～10mm 的吊顶螺栓或 8 号镀锌钢丝与屋顶或楼板连接。木吊杆和木龙骨必须进行防腐和防火处理。

（2）金属龙骨吊顶的支撑。轻钢龙骨与铝合金龙骨吊顶的主龙骨截面尺寸取决于荷载大小，其间距尺寸应考虑次龙骨的跨度及施工条件。主龙骨与屋顶楼板结构多通过吊杆连接，吊杆与主龙骨用特制的吊杆件或套件连接。金属吊杆和龙骨应进行防锈处理。

2. 基层

基层由木材、型钢或其他轻金属材料制成的次龙骨组成。由于吊顶面层所用材料不同，其基层部分的布置方式和次龙骨的间距大小也不一样，但一般不应超过 600mm。

3. 面层

木龙骨吊顶，其面层多用人造板面层或板条抹灰面层。轻钢龙骨、铝合金龙骨吊顶，其面板多用装饰吸声板制作。

10.5.2 吊顶的施工工艺

1. 木质吊顶施工

（1）弹水平线。首先将楼地面基准线弹在墙上，并以此为起点，弹出吊顶高度水平线。

（2）主龙骨的安装。主龙骨与屋顶结构或楼板结构连接主要有三种方式：用预埋铁件固定吊杆；用射钉将角铁等固定于楼底面固定吊杆；用金属膨胀螺栓固定铁件再与吊杆连接，连接结构如图 10.12 所示。

（3）罩面板的铺钉。罩面板多采用人造板，应按设计要求切成正方形、长方形等。板材安装前，按分块尺寸弹线，安装时由中间向四周呈对称排列，顶棚的接缝与墙面交圈应保持一致。

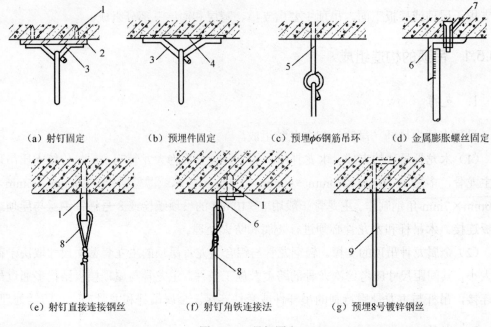

（a）射钉固定　　　　（b）预埋件固定　　　　（c）预埋φ6钢筋吊环　　　（d）金属膨胀螺丝固定

（e）射钉直接连接钢丝　　（f）射钉角铁连接法　　　（g）预埋8号镀锌钢丝

图 10.12　吊杆固定

　　主龙骨安装后，沿吊顶标高线固定沿墙木龙骨，木龙骨的底边与吊顶标高线齐平。一般是用冲击电钻在标高线以上 10mm 处墙面打孔，孔内塞入木楔，将沿墙龙骨钉固定于墙内木楔上。然后将拼接组合好的木龙骨架托到吊顶标高位置，整片调正调平后，将其与沿墙龙骨和吊杆连接，如图 10.13 所示。

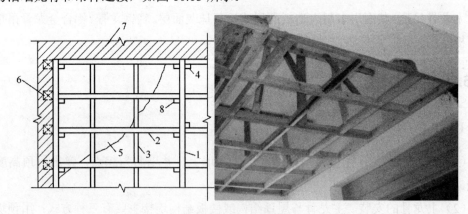

图 10.13　木龙骨吊顶

2. 轻金属龙骨吊顶施工

轻金属龙骨按材料分为轻钢龙骨和铝合金龙骨。

（1）轻钢龙骨装配式吊顶施工。利用薄壁镀锌钢板带经机械冲压而成的轻钢龙骨即为吊顶的骨架型材。轻钢吊顶龙骨有 U 形和 T 形两种。

U 形上人轻钢龙骨吊顶示意图如图 10.14 所示。

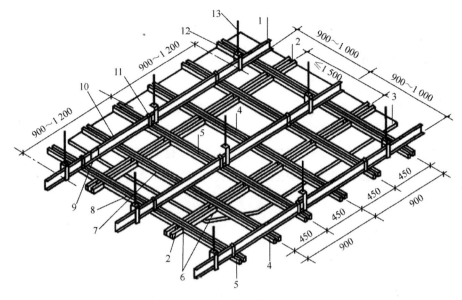

图 10.14　U 形龙骨吊顶示意图

（2）铝合金龙骨装配式吊顶施工。铝合金龙骨吊顶按照面板的要求不同分为龙骨底面不外露和龙骨底面外露两种形式；按龙骨结构形式不同分为 T 形和 TL 形。TL 形龙骨属于安装饰面板后龙骨底面外露的一种，如图 10.15 和图 10.16 所示。

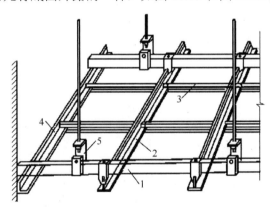

图 10.15　TL 形铝合金吊顶

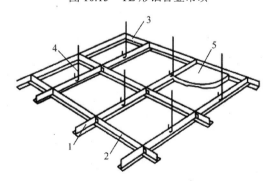

图 10.16　TL 形铝合金不上人吊顶

铝合金吊顶龙骨的安装方法与轻钢龙骨吊顶基本相同。

10.5.3 隔墙与隔断

隔墙与隔断是由于使用功能的需要，设计之初采用一定的材料来分割房间和建筑物内部空间，其目的是让使用空间做到更深入、更细致的划分。

隔墙按构造方式可分为砌块隔墙、骨架隔墙和板材隔墙，分别如图 10.17、图 10.18 和图 10.19 所示。隔断一般分为传统建筑隔断和现代建筑隔断两大类。

图 10.17　砌块隔墙

图 10.18　骨架隔墙

图 10.19 板材隔墙

10.6 玻璃幕墙工程

建筑幕墙是指由金属构件与各种板材组成悬挂在主体结构上且不承担主体结构荷载与作用的建筑外维护结构。建筑幕墙按其面层材料的不同可分为玻璃幕墙、石材幕墙、金属幕墙等。

玻璃幕墙主要部分由饰面玻璃和固定玻璃的骨架组成。其主要特点是建筑艺术效果好,自重轻,施工方便,工期短。但玻璃幕墙造价高,抗风、抗震性能较弱,能耗较大,对周围环境可能形成光污染。

10.6.1 玻璃幕墙的分类

1. 框支撑玻璃幕墙

(1)明框玻璃幕墙。其玻璃板镶嵌在铝框内,成为四边有铝框的幕墙构件,幕墙构件镶嵌在横梁上,形成横梁、主框均外露且铝框分格明显的立面。

(2)隐框玻璃幕墙。隐框玻璃幕墙是将玻璃用结构胶粘接在铝框上,大多数情况下不再加金属连接件。因此,铝框全部隐蔽在玻璃后面,形成大面积全玻璃镜面。隐框幕墙的节点大样示例如图 10.20 所示,玻璃与铝框之间完全靠结构胶黏结。

(3)半隐框玻璃幕墙。半隐框玻璃幕墙是将玻璃两对边嵌在铝框内,另两对边用结构胶粘在铝框上,形成半隐框玻璃幕墙。立柱外露、横梁隐蔽的称为竖框横隐幕墙;横梁外露、立柱隐蔽的称为竖隐横框幕墙。

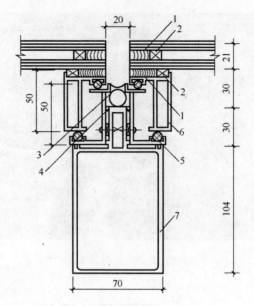

图 10.20　隐框幕墙节点大样示例

2. 全玻璃幕墙

为游览观光需要，在建筑物底层、顶层及旋转餐厅的外墙，使用玻璃板，其支撑结构采用玻璃肋，称为全玻璃幕墙。

高度不超过 4.5m 的全玻璃幕墙，可以用下部直接支撑的方式来进行安装，超过 4.5m 的全玻璃幕墙，宜用上部悬挂方式安装，玻璃肋通过结构硅酮胶与面玻璃粘合。如图 10.21 所示。

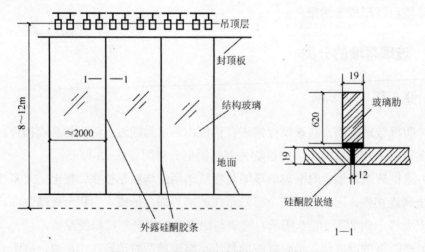

图 10.21　悬挂式全玻璃幕墙结构示意图

3. 点支撑玻璃幕墙

采用四爪式不锈钢挂件与立柱焊接，挂件的每个爪与一块玻璃的一个孔相连接，即一个挂件同时与 4 块玻璃相连接，如图 10.22 所示。

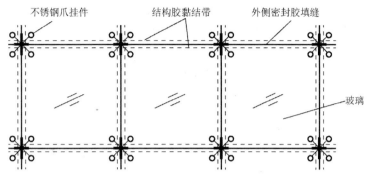

不锈钢爪挂件　　　结构胶黏结带　　　外侧密封胶填缝

玻璃

图 10.22　点支撑玻璃幕墙

10.6.2　玻璃幕墙的安装

由于构件式安装不受层高和柱网尺寸的限制，是目前应用较多的安装方法，它适用于明框、隐框和半隐框幕墙，其主要工序如下。

1. 定位放线

玻璃幕墙的测量放线应与主体结构测量放线相配合，其中心线和标高点由主体结构单位提供并校核准确。放线应沿楼板外沿弹出墨线或挂线定出幕墙平面基准线，从基准线测出一定距离为幕墙平面。以此线为基准确定立柱的前后位置，从而决定整片幕墙的位置。

2. 预埋件检查

幕墙与主体结构连接的预埋件应在主体结构施工过程中按设计要求进行埋设，在幕墙安装前检查各预埋件位置是否正确，数量是否齐全。若预埋件遗漏或位置偏差过大，则应会同设计单位采取补救措施。补救方法应采用植锚栓补设预埋件，同时应进行拉拔试验。

3. 骨架安装

骨架安装在放线后进行。骨架的固定是用连接件将骨架与主体结构相连。固定方式一般有两种：一种是在主体结构上预埋铁件，将连接件与预埋铁件焊牢；另一种是在主体结构上钻孔，然后用膨胀螺栓将连接件与主体结构相连。

连接件一般用型钢加工而成，其形状可因结构类型、骨架形式、安装部位的不同而有所不同，但无论哪种形状的连接件，均应固定在牢固可靠的位置上，然后安装骨架。骨架一般是先安竖向杆件（立柱），待竖向杆件就位后，再安横向杆件。

（1）立柱的安装。立柱先连接好连接件，再将连接件（铁码）点焊在主体结构的预埋钢板上，然后调整位置，立柱的垂直度可用锤球控制，位置调整准确后，将支撑立柱的钢牛腿焊牢在预埋件上。立柱接头应有一定空隙，采用芯柱连接法。

（2）横梁的安装。横向杆件的安装，宜在竖向杆件安装后进行。如果横竖杆件均是型钢一类的材料，可以采用焊接，也可以采用螺栓或其他办法连接。当采用焊接时，大面积骨架需要焊接的部位较多，由于受热不均，容易引起骨架变形，故应注意焊接的操作顺序。如有可能，应尽量减少现场的焊接工作量。螺栓连接是将横向杆件用螺栓固定在竖向杆件的铁码上。

4. 玻璃安装

在安装前，应清洁玻璃，四边的铝框也要清除污物，以保证嵌缝耐候胶可靠粘接。玻璃的镀膜面应朝室内方向。当玻璃在 $3m^2$ 以内时，一般可采用人工安装；玻璃面积过大，重量很大时，应采用真空吸盘等机械安装。

5. 耐候胶嵌缝

玻璃板材或金属板材安装后，板材之间的间隙必须用耐候胶嵌缝，予以密封，防止气体渗透和雨水渗漏。打胶前，应使打胶面清洁、干燥。

6. 清洁维护

玻璃安装完后，应从上往下用中性清洁剂对玻璃幕墙表面及外露构件进行清洁，清洁剂使用前应进行腐蚀性检验，证明对铝合金和玻璃无腐蚀作用后方可使用。

10.7　楼地面工程

楼地面是建筑物底层地面和楼层地面的总称。

10.7.1　楼地面的组成及分类

1. 楼地面的组成

楼地面是房屋建筑底层地坪与楼层地坪的总称。主要构造层分为基层、垫层、面层。

（1）基层：即面层下的构造层。

（2）垫层：即介于基层与面层之间，主要起传递荷载、找平作用。

（3）面层：直接承受各种物理和化学作用的建筑地面表面层，又称地面，是人们经常接触的部分，同时也对室内起装饰作用。

2. 楼地面的分类

（1）按面层材料分有土、灰土、三合土、菱苦土、水泥砂浆混凝土、水磨石、陶瓷锦砖、木、砖和塑料地面等。

（2）按面层结构分有整体面层（如灰土、菱苦土、三合土、水泥砂浆、混凝土、现浇水磨石、沥青砂浆和沥青混凝土等），块料面层（如缸砖、塑料地板、拼花木地板、陶瓷锦砖、水泥花砖、预制水磨石块、大理石板材、花岗石板材等）和涂布地面等。

10.7.2 楼地面工程施工流程

1. 基层施工

（1）抄平弹线，统一标高，将同一水平标高线弹在各房间四壁离地面 500mm 处。

（2）楼面的基层是楼板，应做好楼板板缝灌浆、堵塞和板面清理工作。

（3）地面的基层多为土。地面下的填土应采用素土分层夯实。土块的粒径不得大于 50mm，每层夯实后的干密度应符合设计要求。回填土的含水率应按照最佳含水率进行控制，然后再夯实。

淤泥、腐殖土、冻土、耕植土、膨胀土和有机含量大于 8% 的土，均不得作为地面下的填土。地面下的基土，经夯实后的表面应平整，用 2m 靠尺检查，要求其土表面凹凸不大于 15mm，标高应符合设计要求，其偏差应控制在 0～50mm 之间。

2. 垫层施工

1）刚性垫层

刚性垫层指用水泥混凝土、水泥碎砖混凝土、水泥炉渣混凝土和水泥石灰炉渣混凝土等各种低强度等级混凝土做的垫层。

混凝土垫层的厚度一般为 60～100mm。混凝土强度等级不宜低于 C10，粗骨料粒径不应超过 50mm，并不得超过垫层厚度的 2/3，混凝土配合比按普通混凝土配合比设计进行试配。其施工要点如下。

（1）清理基层，检测弹线。

（2）浇筑混凝土垫层前，基层应洒水润湿。

（3）浇筑大面积混凝土垫层时，应纵横每 6～10m 设中间水平桩，以控制厚度。

（4）大面积浇筑宜采用分仓浇筑的方法，要根据变形缝位置、不同材料面层的连接部位或设备基础位置情况进行分仓，分仓距离一般为 3～4m。

2）柔性垫层

柔性垫层包括用土、砂、石、炉渣等散状材料经压实的垫层。砂垫层厚度不小于 60mm，应适当浇水并用平板震动器振实；砂石垫层的厚度不小于 100mm，要求粗细颗粒混合摊铺均匀，浇水使砂石表面湿润，碾压或夯实不少于三遍至不松动为止。

根据需要可在垫层上铺设水泥砂浆、混凝土、沥青砂浆或沥青混凝土找平层。

3. 面层施工

整体面层（地面面层无接缝）是按设计要求选用不同材质和相应配合比，经现场施工铺设而成的。整体面层由基层和面层组成。

1）水泥砂浆面层

水泥砂浆地面面层的厚度应不小于 20mm，一般用硅酸盐水泥、普通硅酸盐水泥，用中砂或粗砂配制，配合比为 1∶2～1∶2.5（体积比）。

面层施工前，先按设计要求测定地坪面层标高，校正门框，将垫层清扫干净洒水润湿，表面比较光滑的基层应进行凿毛，并用清水冲洗干净。铺抹砂浆前，应在四周墙上弹出一道水平基准线，作为确定水泥砂浆面层标高的依据。面积较大的房间，应根据水平基准线在四周墙角处每隔 1.5～2m 用 1∶2 水泥砂浆抹标志块，以标志块的高度做出纵横方向通长的标筋来控制面层厚度。

2）细石混凝土面层

细石混凝土面层可以克服水泥砂浆面层干缩较大的弱点。这种面层强度高，干缩值小。与水泥砂浆面层相比，它的耐久性更好，但厚度较大，一般为 30～40mm。混凝土强度等级不低于 C20，所用粗骨料要求级配适当，粒径不大于 15mm，且不大于面层厚度的 2/3，用中砂或粗砂配制。

细石混凝土面层施工的基层处理和找平的方法与水泥砂浆面层施工相同。铺细石混凝土时，应由里向门口方向进行铺设，按标志筋厚度刮平拍实后，稍待收水，即用钢抹子预压一遍，待进一步收水，即用铁滚筒交叉滚压 3～5 遍或用表面振动器振捣密实，直到表面泛浆为止，然后进行抹平压光。细石混凝土面层与水泥砂浆面层基本相同，必须在水泥初凝前完成抹平工作，终凝前完成压光工作，要求其表面色泽一致，光滑无抹子印迹。

3）水磨石地面

基层清理、浇水冲洗润湿、设置标筋、铺水泥砂浆找平层、养护、嵌分格条、铺抹水泥石子浆体、养护、研磨、打蜡抛光。

按设计要求的色彩将水泥石子浆填入分格缝，抹平压实补填一些石子，使花纹色泽均匀，滚压 2～5 天。

用磨石机洒水抛光，应分三遍进行。在影响水磨石面层质量的其他工序完成后，将地面冲洗干净，涂上 10%浓度的草酸溶液，随即用 280～320 号油石进行细磨或把布卷固定在磨石机上进行研磨，至表面光滑为止。用水冲洗、晾干后，在水磨石面层上满涂一层蜡，稍干后再用磨光机研磨，或用钉有细帆布的木块代替油石，装在磨石机上研磨出光亮后，再涂蜡研磨一遍，直到光滑洁亮为止。

【分项训练】

简述装饰工程中关于抹灰工程中对于不同基层处理时的特点及相关方法。

项目 11　BIM 在工程施工中的应用

📂 项目分项介绍

近几年，BIM 技术得到了国内建筑领域及业界各阶层的广泛关注和支持，整个行业对掌握 BIM 技术的人才的需求也越来越大。为了使学生了解新技术，本项目中对 BIM 概念进行简单介绍。

📺 目标要求

1. 了解 BIM 的概念。
2. 了解 BIM 技术的相关软件。

11.1　BIM 的概念

11.1.1　BIM 的定义

BIM 是 Building Information Modeling（建筑信息模型）的缩写。BIM 技术是一种应用于工程设计建造管理的数据化工具，通过参数模型整合各种项目的相关信息，在项目策划、运行和维护的全生命周期过程中进行共享和传递，使工程技术人员对各种建筑信息能够正确理解和高效应对，为设计团队及包括建筑运营单位在内的各方建设主体提供协同工作的基础，在提高生产效率、节约成本和缩短工期方面发挥重要作用。

美国建筑标准协会在制定 BIM 国家标准时对 BIM 也下了定义，该定义认为 BIM 应该具有如下 4 层含义。

（1）一个共享的知识资源。

（2）一个建筑项目物理和功能特性的数字表达。

（3）一个分享项目的信息，为该项目的全生命周期的所有决策提供可靠依据的工作过程。

（4）在项目的不同阶段支持和反映不同参与方各自职责的协同作业。

11.1.2　BIM 的特征

1. 可视化

可视化的本意是"所见即所得"，通俗地讲就是易于看到和理解，如图 11.1 所示。传统上，表达建筑构件信息都是采用二维图纸，线条和图形符号都有着特殊的含义，需要专业人员利用空间想象能力在其脑海中将二维图纸还原成三维图形，而不能将三维图形展示出来，更不能通过三维图形进行信息的交流。而 BIM 则是由模型呈现出构件的三维图形，并能从不同的方位和角度观察，所以说可视化是 BIM 的固有特性。在 BIM 可视化的环境里，可视化的结果不仅可展示和汇报成果，更重要的是不同专业、不同参与方在项目建造的各个阶段中的沟通、决策等行为都能在可视化的状态下进行。

图 11.1　可视化效果图

2. 可协调性

BIM 不仅是一个载有各类信息的三维模型，更多的是一个可协调平台，如图 11.2 所示。政府、建设单位、设计方、施工方、运维机构方在完成自己本职工作内容的过程中必然要同外界进行信息的交换，而 BIM 就是一个很好的平台。政府部门借助该平台完成对各企业、项目的管理；建设单位借该平台完成资产管理和项目成果的评价；施工单位则侧重 4D 模拟，虚拟建设；运营单位更加关注物业和资产的管理。

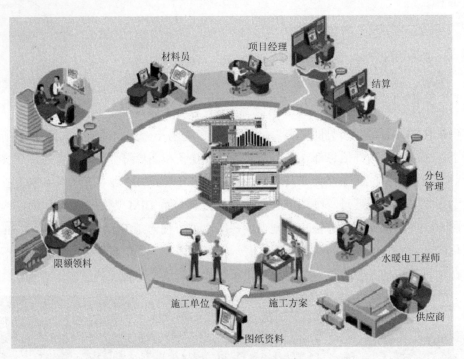

图 11.2　BIM 可协调平台

3. 可模拟性

仿真模拟实际上是可视化的深加工过程，设计—分析—模拟一体化是表达建筑实际状态的最佳模式，BIM 的模拟性不仅仅是建立一个可视化的建筑模型，更多的是对模拟真实情况的过程进行模拟。在设计阶段，BIM 可以进行一些模拟实验，包括日照模拟（图11.3）、视线模拟等；在招投标和施工阶段可以进行 4D 模拟（3D＋time）（图 11.4），

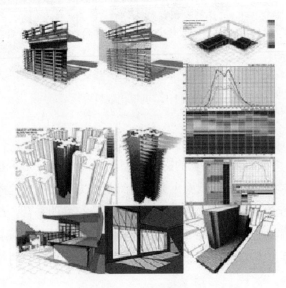

图 11.3　日照模拟

图 11.4　4D 模拟图

即根据施工组织设计模拟实际施工，从而来确定最佳施工方案，同时还可以进行 5D 模拟，从而实现对成本的动态控制；后期运营阶段也可以模拟日常紧急情况的处理，如人员逃生模拟等，所以模拟性也是 BIM 的固有特性。

4. 可优化性

设计、施工、运营的过程是一个不断优化的过程，当项目完成时，项目也就完成了优化，在优化的过程中，由于受信息、时间、建筑的复杂程度的限制，传统的会审、设计、变更方式已不能从根本上解决设计优化问题。BIM 能将投资、设计、施工等信息结合起来，业主、设计方、施工方都借助 BIM 找出项目建设的最佳方案，完成管线、空间、节能、造价、材料供应等的优化，以达到利用最少资源完成项目的建设目的。

5. 可出图性

BIM 实际是一个三维模型，其二维图纸可以直接根据三维模型从不同的面"看到"，如图 11.5 所示。BIM 的可出图性的主要作用并不是像 CAD 一样来表达建筑信息，而是帮助设计院、施工单位和业主绘制管线碰撞检测后的管线图、侦错报告图和设计改进的施工方案。

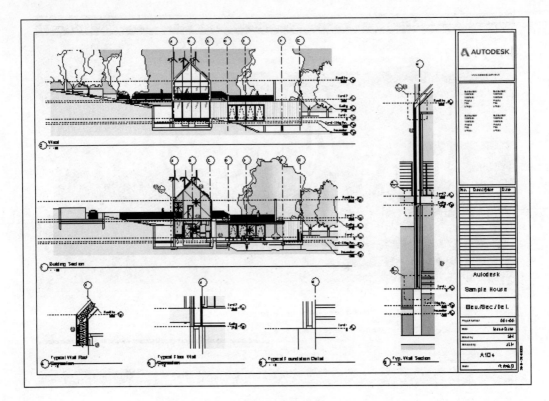

图 11.5　BIM 出图

11.2　BIM 在建筑施工企业中的应用

11.2.1　BIM 在建筑施工企业成本管理中的应用

　　成本控制一直贯穿于建筑施工阶段的全过程，从编制投标文件到签订合同，再到施工阶段工程建造中的工程计量、变更协商，一直到最后的竣工结算和决算过程都离不开成本的控制，在该过程中运用 BIM 信息技术能全面提升建筑企业成本管理水平和核心竞争力，提高工作效率，实现建筑施工企业的利润最大化。

1.　建筑施工企业利用 BIM 技术的计量工作

　　BIM 技术建立的三维模型数据库的特性在于对建筑中对应的数据直接读取、汇总与统计，并根据已有的计量规则产生数据表，如在构造柱中，包含了负弯矩筋、插筋和腰筋等钢筋，若按人工计算，则很容易漏项，而基于 BIM 技术构建的模型则会自带所有的钢筋的数量、位置等数据信息。因此，在此基础上统计的数据是准确无误的。同时，BIM 技术能通过计算机技术构建模型数据库，以集成建筑施工企业所有的信息，服务建筑施工企业建造建筑的全过程，达到"一模多用"的目的。

2. BIM 技术下的工程变更

在实际的项目中，由于非施工单位的原因经常出现量与价的调整而最终导致变更的情况相当普遍。在传统的方式下，只要出现变更，施工单位的成本就得重新计算一次，随之而来的便是烦琐、重复的劳动。而 BIM 能根据造价规则自动重新计算造价，实时计算，不用重复统计，极大地减少了造价工程师的工作量。

3. BIM 技术下的进度款管理

针对建筑行业特点，施工单位在项目上所投资金往往根据工程进度分段收回，当达到"某里程碑事件"时，施工单位便要求业主按照合同支付进度款，而项目的成本通常是随施工进度而存在变化的。在传统模式下，索要进度款时需要将各类变更所形成的成本与预计投入重新计算，情况十分烦琐，而 BIM 能将 4D、5D 技术应用到工程进度款的支付当中，对建筑施工企业的成本控制具有预估的作用。项目开始前，建筑施工企业可通过 4D 技术模拟施工进度，为资金的流转做好更充足的准备，在项目开始后，可以随时根据工程的进度计算成本。这种成本和进度相结合的模式为向业主方索要进度款提供了科学依据。

11.2.2　BIM 在建筑施工企业进度管理中的应用

建筑施工企业项目进度管理是在建筑建造过程中各阶段和项目完成的期限内所进行的管理，其内容是进行工程项目的作业分配、进度控制、校正偏离，在 BIM 的应用下具体工作如下。

1. 科学的作业分配

BIM 能通过模型的应用为作业分配提供科学依据。进度安排很重要的是工程量。一般情况下进度安排是采用手工汇编的方式完成的，该方式不仅不精确，而且烦琐复杂，但在 BIM 软件平台下，该工作将变得更加简单。通过 BIM 软件统计的数据，可准确算出施工阶段不同时段所需的材料用量，然后结合计价规范、定额和企业的施工水平就可计算出所需的劳动力、材料用量、机械台班数。

2. 实时的校正偏离和动态的进度控制

项目施工是动态的，项目的管理也是动态的，在进度控制的过程中，可以通过 4D 可视化的进度模型与实际施工进度进行比较，直观地了解各项工作的执行情况。当现场施工情况与进度计划有出入时，可以通过 4D BIM 模型将进度计划与企业施工现场情况作对比，调整进度，增强建筑施工企业的进度控制能力。

11.2.3　BIM 在建筑施工企业质量管理中的应用

1. 建筑物料和成品的质量控制

就建筑物料质量管理而言，BIM 模型存储了大量的建筑构件、设备信息。通过 BIM 平台，各部门工作人员可以根据模型快速地查到材料及构、配件的规模、材质、尺寸等信息，因此，有质量问题的材料可以通过模型立即找到，然后进行更换。此外，BIM 技术还可以同物联网等技术相结合，对施工现场作业成品进行质量的追踪、记录、分析，监控施工产品质量。

2. 有关质量技术管理

BIM 技术不仅是三维建模的技术，而且是一个很好的交流平台，在该平台上能动态地模拟施工技术流程，对新材料、新工艺和工法做详细的介绍，此外还可讨论关键技术问题，验证施工技术的可行性，最后还可结合 BIM 中 Navisworks 等仿真软件加以呈现，保证施工技术在技术交底的过程中不出现偏差，避免计划做法与实际做法不相一致的情形。

11.2.4　BIM 在建筑施工企业安全管理中的应用

安全管理是任何一个企业或组织的命脉，建筑施工企业也不例外，安全管理应该遵循"安全第一，预防为主"的原则，在建筑施工企业安全管理中，关键措施是采用各种安全措施保障施工的薄弱环节和关键部位的安全，以不出现安全事故为目的。传统的安全管理，往往只能根据施工经验和编写安全措施来减少安全事故，很少结合项目的实际情况，而在 BIM 的作用下，这种情况将有所改善。

1. 施工场地的安排与现场材料堆放时的结构受力分析

在施工现场，由于各作业队数、工种繁多，施工作业面交错，施工流程、时间交叉，物料堆放混乱，物料相交错是常有的事情，这不仅会造成工作效率低下，而且还有可能发生安全隐患。BIM 技术则能对现场起到很好的指导作用，根据虚拟模拟技术，可以对材料的安排、堆放提前做好安排，合理的规划好取材、用材、舍材的路径与地点，保证施工现场堆放整齐，提高施工效率。例如，根据现场的安全情况，进行施工结构的受力分析，通过建筑结构类型、材料及施工荷载等进行时变分析，建立施工时的时变结构分析模型，再对各种施工操作进行力学分析和安全识别，以实现对施工阶段建筑结构的安全分析与评估。

2. 规避施工现场的危险源

BIM 可视化性能对工地上潜在的危险源进行分析。通过仿真模拟,将 BIM 模型划分不同区域,并以此制定各种应急措施,如制定或划定施工人员的出入口;建筑设备运送路线;消防车辆停车路线;恶劣天气的预防措施等。

3. 监管现场动火作业

在 BIM 模型中,通过进度控制和安全控制的的配合,能够提前知晓当日动火作业层面,把握即时状态下各作业面的动火点的分布,从而实现动火证开具的数目和期限的实时管控。

11.3　BIM 相关软件

BIM 的全称是建筑信息模型(Building Information Modeling),BIM 需要软件才能实现,所涉及的软件可以分成很多类,从规划开始直到建筑物生命结束,可以分成很多的阶段,每个阶段都会有至少一种专业软件,如 BIM 建模软件、BIM 机电分析软件、BIM 综合碰撞检查软件、BIM 造价分析软件、日照分析软件、结构分析软件、MEP 等。需要根据工作的应用需求来决定合适的 BIM 软件。下面对 BIM 在建筑行业的入门软件进行简单介绍。

11.3.1　BIM 建模软件

1. Autodesk Revit

Autodesk Revit 系列软件是 AutoDesk 专门为 BIM 技术打造的软件,Revit 系列软件可提供各种 BIM 功能满足用户需求,其范围包含建构 BIM 模型、MEP 图形构件、信息管理、自动化产生图形及报表、工程仿真及设施维护管理等功能(见图 11.6),一般在民用建筑中较常用。

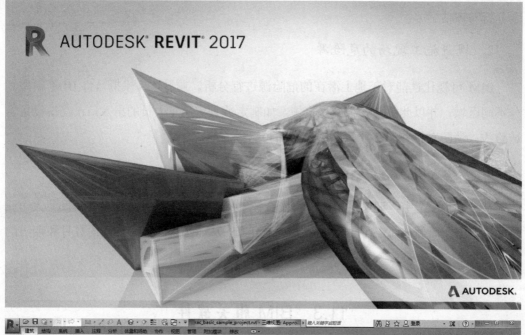

图 11.6　Revit 软件界面

2. Bentley AECOsim Building Designer

AECOsim Building Designer 为 BIM 建模方面的整合软件，如图 11.7 所示。其可用于建筑、结构、机电、管线等设计，提供完整且高效率的 BIM 解决方案，通过所提供的工具可进一步进行排程模拟、碰撞检测、管理对象及产生预算报表等功能，另可搭配 Bentley 相关产品，进行协同作业、热能分析及风场仿真等功能，一般在工业建筑中较常用。

图 11.7　AECOsim 软件界面

3．ArchiCAD

ArchiCAD 由匈牙利 Graphisoft 公司开发（见图 11.8），为理想的三维建筑设计软件，同时具备二维绘图与布图的功能，并以三维建模及设计为其特色。业界认为 ArchiCAD 为最早的 BIM 软件，该软件的扩展模块中也具有 MEP（机械、电器、管线）、ECO（能耗分析）及 Atlantis 渲染插件等，并支持 IFC 标准及 GDL（Geometric Description Language）技术。

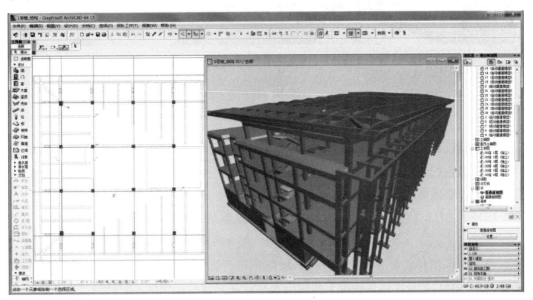

图 11.8　ArchiCAD 软件界面

11.3.2　BIM 模型综合碰撞检查软件

常见的模型综合碰撞检查软件有 AutoDesk Navisworks（见图 11.9）、Bentley Projectwise Navigator 和 Solibri Model Checker 等。例如，Autodesk Navisworks Manage 软件是一款用于分析、仿真和项目信息交流的全面审阅解决方案。多领域设计数据可整合进单一集成的项目模型，以供冲突管理和碰撞检测使用。Navisworks Manage 能够帮助设计和施工专家在施工前预测和避免潜在问题。

图 11.9　AutoDesk Navisworks 软件界面

11.3.3　BIM 造价管理软件

造价管理软件利用 BIM 模型提供的信息进行工程量统计和造价分析，由于 BIM 模型结构化数据的支持，基于 BIM 技术的造价管理软件可以根据工程施工计划动态提供造价管理需要的数据，这就是 BIM 技术的 5D 应用。

国外的 BIM 造价管理有 Innovaya 和 Solibri，鲁班是国内 BIM 造价管理软件的代表之一。

鲁班对以项目或业主为中心的基于 BIM 的造价管理解决方案应用给出了整体框架，无疑会对 BIM 信息在造价管理上的应用水平提升起到积极作用，同时也是全面实现和提升 BIM 对工程建设行业整体价值的有效实践。能够使用 BIM 模型信息的参与方和工作类型越多，BIM 对项目能够发挥的价值就越大。

11.3.4　BIM 运营管理软件

人们把 BIM 形象地比喻为建设项目的"DNA"，根据美国国家 BIM 标准委员会的资料，一个建筑物生命周期 75%的成本发生在运营阶段（使用阶段），而建设阶段（设计、施工）的成本只占项目生命周期成本的 25%。

BIM 模型为建筑物的运营管理阶段服务是 BIM 应用重要的推动力和工作目标，在这方面美国运营管理软件 ArchiBUS 是最有市场影响的软件之一，如图 11.10 所示。

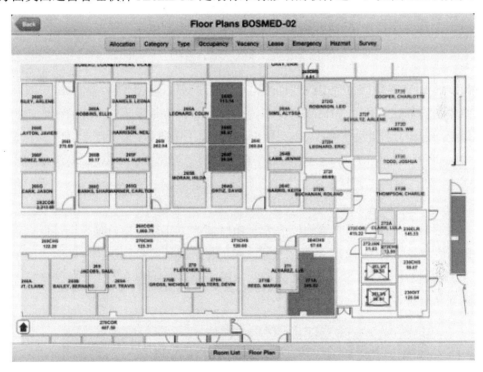

图 11.10　ArchiBUS 软件界面

另外，广联达也推出了 BIM 软件套装，其中包括 BIM5D、MagiCAD、BIM 审图、BIM 浏览器、BIM 算量、BIM 三维场布等软件。

广联达 BIM5D 以 BIM 平台为核心，集成全专业模型，并以集成模型为载体，关联施工过程中的进度、合同、成本、质量、安全、图纸、物料等信息，为项目提供数据支撑，实现有效决策和精细管理，从而达到减少施工变更，缩短工期、控制成本、提升质量的目的。

MagiCAD 是一款功能强大、简单快捷的二、三维联动机电 BIM 解决方案，可广泛应用于通风空调、采暖和制冷、给排水和消防、电气等专业的深化设计，并且同时支持 AutoCAD 和 Revit 双平台，如图 11.11 所示。

图 11.11　MagiCAD 软件

　　广联达 BIM 审图服务于 BIM 项目的深化设计阶段，颠覆了传统的二维审图方式，以三维模型为基础，利用 BIM 技术，快速、全面、准确地发现全专业的图纸问题，并能一键返回建模软件，快速修改，自动核审，提升施工图质量，最大限度降低返工概率。

　　BIM 浏览器是基于广联达自主图形平台开发的一款免费、大众化、易学易用的模型浏览工具。通过对多专业复杂模型的集成展现，满足 BIM 应用各参与方（建设、咨询、设计、施工、监理、运维）关于模型浏览、沟通、共享的需求。

　　广联达 BIM 施工现场布置软件是基于 BIM 技术真正用于建设项目全过程临建规划设计的三维软件（图 11.12），为施工技术人员提供从投标阶段到施工阶段的现场布置设计产品，解决设计规范考虑不周全带来的绘制慢、不直观、调整多及由施工带来的环保、消防及安全隐患等问题。

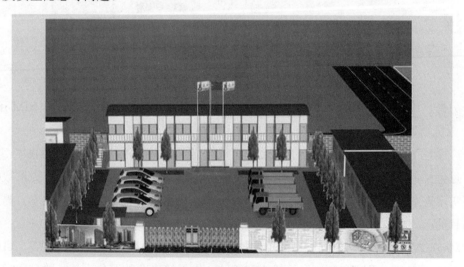

图 11.12　广联达三维场布软件

【分项训练】

利用 Revit 软件绘制一个小别墅的模型。